高等职业教育机电工程类系列教材

桌面 3D 打印机的使用及维护

主编 关 雷 史子木 华学兵

U0277717

西安电子科技大学出版社

内 容 简 介

本书以桌面 3D 打印设备为主线，介绍了 3D 打印技术原理、设备结构、使用方法、日常维护等方面的内容，全书包括 5 个章节，从内容上主要分为三部分：第一章从整体上介绍了 3D 打印技术的发展脉络及它在各个行业的应用前景；第二章至第四章，着重介绍了目前发展迅猛的 FDM、SLA、3DP 桌面 3D 打印机的技术原理、设备结构、使用及维护方法等；第五章作为拓展，侧重介绍 PCM 技术及 PCM 3D 打印机的使用及维护方法。

本书既可作为高等院校机械类、材料加工类、设计类专业学生的教材或参考书，也可供实际操作人员学习使用。

图书在版编目(CIP)数据

桌面 3D 打印机的使用及维护 / 关雷，史子木，华学兵主编.—西安：西安电子科技大学出版社，2018.12(2022.5 重印)
ISBN 978-7-5606-5114-9

Ⅰ.①桌… Ⅱ.①关…②史…③华… Ⅲ.①立体印刷—印刷术—基本知识 Ⅳ.①TS853

中国版本图书馆 CIP 数据核字(2018)第 236293 号

策　　划　高 樱
责任编辑　雷鸿俊　任倍萱
出版发行　西安电子科技大学出版社(西安市太白南路 2 号)
电　　话　(029)88202421　88201467　　邮　编　710071
网　　址　www.xduph.com　　　　　电子邮箱　xdupfxb001@163.com
经　　销　新华书店
印刷单位　陕西天意印务有限责任公司
版　　次　2018 年 12 月第 1 版　　2022 年 5 月第 3 次印刷
开　　本　787 毫米×960 毫米　1/16　印 张　11
字　　数　190 千字
印　　数　3501～6500 册
定　　价　29.00 元

ISBN 978-7-5606-5114-9 / TS

XDUP 5416001-3

如有印装问题可调换

推　荐　序　一

　　作者关雷是浙江工贸职业技术学院材料工程系光电制造与应用技术专业的一名青年教师，多年来致力于3D打印领域的教学和科研工作。在教学方面，主讲"桌面3D打印机的使用及维护"、"激光3D打印技术"、"激光加工工艺实践"等课程；在科研方面，主持市厅级及以上课题3项，公开发表论文3篇，授权国家发明专利10余项。

　　3D打印产业发展至今，已经逐渐成长为可以满足工业生产、实现制造业转型的重点产业。3D打印技术衍生的设计、软件、材料、数字制造等新的产业链，正在逐步优化传统制造，构建全新的制造生态系统。激光技术作为21世纪极具发展前途的新技术之一，已在3D打印领域有了广泛的应用，被认为是3D打印中不可或缺的手段。

　　作者以通俗易懂、简明扼要的形式介绍了各类型3D打印技术的原理、设备结构、使用方法、日常维护等方面的内容。本书真正将读者带入3D打印的实践中，特别适合作为3D打印相关专业的教材，配合实践教学可更好地掌握3D打印机操作和维护方面的知识。同时，本书也适合普通读者和有一定基础的爱好者进行拓展性学习。

　　我在浙江工贸职业技术学院设有工作站，所以对该院校材料工程系的光电制造与应用技术专业十分关注。这些年，光电制造与应用技术专业逐渐发展壮大，2012年依托中国（温州）激光与光电产业集群开办此专业，这群有战斗力的青年才俊经过不懈努力，取得了国家职业教育专业教学资源库项目、浙江省四年制高等职业教育人才培养试点专业、浙江省"十三五"优势专业、浙江省激光制造与材料技术协同创新中心、温州市高技能人才公共实训基地等一系列成果。《桌面 3D 打印机的使用及维护》一书汇集了光电制造与应用技术专业教师们多年的教学经验和科研成果。我真诚地向广大读者推荐此书，相信本书一定会得到广大读者的好评，特别是 3D 打印相关专业的师生们！

天津大学

姚建铨 院士

2018 年 8 月 27 日

推荐序二

目前，3D 打印面临的主要技术性制约包括两个方面，一是打印耗材种类的限制，二是由于打印成品存在缺陷或内应力而造成的产品力学性能欠佳。3D 打印材料是 3D 打印技术发展的重要物质基础，在某种程度上，材料的发展决定着3D 打印能否有更广泛的应用。

2011 年《经济学人》刊登封面文章 "The manufacturing technology that will change the world" 之后，3D 打印迅速走进人们的视野，并被认为有望引领第三次工业革命。

由于 3D 打印技术还在发展初期阶段，全球各国都在争先发展该项技术，力图占领产业制高点。对应地，我国陆续出台了多项政策支持 3D 打印产业的发展，包括 2015 年国务院提出的《中国制造 2025》，2017 年科技部推行的《"十三五"先进制造技术领域科技创新专项规划》和 2018 年推行的国家重点研发计划"增材制造与激光制造"重点专项。

近些年来，随着我国 3D 打印产业的迅猛发展，对 3D 打印人才特别是对 3D 打印应用型人才的需求也越来越大。

关雷等几位一线教师，以多年的教学经验为依托，编写了《桌面 3D 打印机的使用及维护》一书，讲解了各类型 3D 打印机的技术原理、设备结构、使用方法、日常维护与维修等方面内容。该书的出版，对于普通读者可以了解 3D 打印基本原理；对于有一定基础的读者，可借此书详细地了解各类型 3D 打印机的使用方法及技巧；而对于相关院校 3D 打印专业的学生，则可以系统地学习 3D 打印技术的基本原理、3D 打印机的操作方法、3D 打印机维护维修知识。

我坚信，本书可以使读者开卷有益，作者们辛勤的付出对于促进 3D 打印技术的推广和 3D 打印应用型人才的培养意义深远！

温州大学

院长

2018 年 7 月 13 日

前　言

随着"工业 4.0"和"中国制造 2025"的提出，以智能制造为主导的第四次工业革命正在如火如荼地进行中。其中，3D 打印技术作为一项颠覆性的制造技术，正在迅猛发展，因此 3D 打印技术人才的需求量将越来越大。

3D 打印技术人才可分为技术型人才和应用型人才。技术型人才位于产业链上游，主要从事与 3D 打印技术相关的开发和研究，用于工艺上的提升、打印材料的研究以及打印设备的开发；而应用型人才作为技术和市场的中介，位于产业链的上游和中游，这种人才既要有某一学科坚实的专业基础，又能将这一学科的专业基础与 3D 打印技术充分融合，主要侧重于机械制造、机械控制、软件算法以及材料配方等与市场客户需求紧密相关的技术应用层面。由于目前国内的大学、大中专院校大多没有开设有关 3D 打印技术的专业课程，学生所掌握的 3D 打印技术较少，对 3D 打印的理论体系、机械架构、制作过程缺乏深入的了解，从而造成了应用型人才的严重紧缺。

2012 年，浙江工贸职业技术学院在中国（温州）激光与光电产业集群建设的背景下开办了光机电应用技术专业，旨在培养激光设备生产制造、激光加工技术应用的高素质技术技能型人才。"激光 3D 打印技术"是该专业的必修课之一。由于 3D 打印设备昂贵，因此课程开设初期只有理论课，没有实操部分。随着专业的建设和发展，院校先后购买了 FDM 型 3D 打印机四十余台，其他类型 3D 打印机数十台。由于经费有限，采购的设备均为桌面型国产设备，但这些设备较工业型的设备性价比高，完全可以满足教学需求。

本书以国产桌面型 3D 打印设备为主线，介绍了 3D 打印技术原理、设备结构、使用方法、日常维护与维修等内容。全书共 5 章，主要分为三部分：第一部分(第一章)从整体上介绍了 3D 打印的发展脉络，以及在各个行业的应用前景；第二部分(第二章至第四章)着重介绍了目前发展较快的 FDM、SLA、3DP 桌面 3D 打印机的技术原理、使用方法及技巧、日常维护等；第三部分(第五章)作为延伸，侧重介绍了 PCM 技术及 PCM 3D 打印机的使用及维护方法。通过学习这些知识，学生能够真正走进 3D 打印的实践中，掌握各类型 3D 打印设备的使用及维护方法。再配合实践教学，使学生能够独立使用及维护常见的桌面 3D 打印机，为 3D 打印技术的具体应用打下坚实的基础。

本书是编者在多年教学实践经验总结的基础上，参考了一些外文资料和国内著作，同时邀请个别生产厂商的技术人员共同编写而成的。由于编者水平所限，难免存在疏漏，望广大读者朋友批评指正。

本书在编写过程中，得到了青岛三帝云电子科技有限公司武坤总经理的大力支持，同时，广东峰华卓立科技股份有限公司的技术总监王君衡，浙江闪铸三维科技有限公司国内销售总监王建学、市场主管吴洁，以及武汉易制科技有限公司的技术人员等都给予了帮助，在此一并表示感谢。

编写此书期间，我们的女儿出生，在此我也要特别感谢我的妻子方森君，正是因为她辛勤的付出和无私的包容，才使我有更多的时间来完成本书的编写。

关　雷

2018 年 6 月

目　录

第一章　3D 打印技术概述

1.1　3D 打印技术发展历史

提及 3D 打印技术，也许大家并不陌生。在近几年的热播影视剧中，3D 打印技术已成为一个吸引眼球的新宠，比如电影《十二生肖》中主角复制原版鼠首使用的"神奇机器"，美剧《生活大爆炸》中让霍华德和他的朋友们欲罢不能的"克隆工厂"，电影《星际迷航》中为"企业号"船员打印实物的高科技设备，等等，这些都是 3D 打印技术的写照。

3D 打印技术曾被"中国物联网校企联盟"称为"上上个世纪的思想，上个世纪的技术，这个世纪的市场"，因为其起源可以追溯到 19 世纪末的美国，在业内的学名为"快速成形技术"。这项技术一直以来只在业内小众群体中传播，直到 20 世纪 80 年代才出现了成熟的技术方案，在当时，其价格昂贵，并且能打印东西的数量也极少，几乎没有面向个人的打印机产品，都是面向企业级的。但随着时间的推移，在技术逐渐走向成熟的今天，尤其是 MakerBot 系列以及 RepRaP 开源项目的出现，越来越多的爱好者积极参与到 3D 打印技术的发展和推广中来。与日俱增的新技术、新创意、新应用，以及呈指数暴增的市场份额，都能够让人感受到 3D 打印技术的春天已经来临。

其实，3D 打印技术的核心思想是叠层制造，早在 18 世纪末就已萌发。

J.E. Blanther 于 1859 年出生于奥地利，他 19 岁时就成为了奥地利军队的中尉。1878 年 12 月 12 日，因为在战役中的出色表现，他被皇帝弗朗茨·约瑟夫(Emperor Franz Josef)封为爵士。1892 年，J.E. Blanther 发明了用蜡板叠层制造的方法制作等高线地形图的技术并被授予专利，如图 1-1 所示，即通过在一系列蜡板上压印地形等高线，然后切割蜡板，将其层层堆叠之后，再进行平滑处理。这种方法能够根据等高线指示，制作具有正负海拔之分的三维表面。在这些表面进行适当的背衬之后，印刷压制纸张来构建地势图。

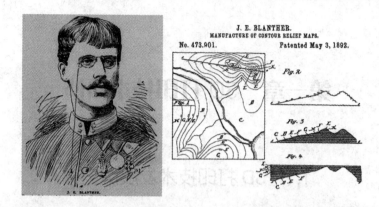

图 1-1　J.E. Blanther 和他发明的蜡板叠层法制作等高线地形图的技术专利

　　而业界公认的 3D 打印技术最早始于 1984 年，当时将数字文件打印成三维立体模型的技术被美国发明家查尔斯·赫尔(Charles Hull)(见图 1-2)率先提出。1986 年，他进一步发明了立体光刻技术，即利用紫外线照射光敏树脂凝聚成形来制造物体，并将这项发明申请了专利，这项技术后来被称为光固化成形(Stereo Lithography Appearance, SLA)技术。

图 1-2　美国发明家查尔斯·赫尔(Charles Hull)

　　查尔斯·赫尔获得过 60 多项发明专利，其中最著名的当属 SLA 技术，这项技术为 3D 打印技术的普及铺平了道路。随后，他继续不懈地努力奋斗，于 1986 年成立了 3D Systems 公司(现今全球最大的两家 3D 打印设备生产商之一)。1988 年，3D Systems 公司生产出了世界上第一台由其自主研发的 3D 打印机——SLA-250，如图 1-3 所示。SLA-250 的面世成为 3D 打印技术发展历史上的一个里程碑事件，其设计思想和风格几乎影响了后续所有的 3D 打印设备，但受限于当时的工艺条件，其体形十分庞大，有效打印空间非常狭窄。

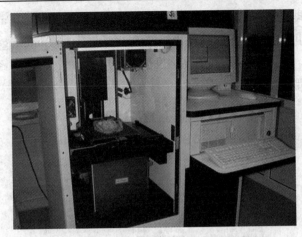

图 1-3　世界上第一台 3D 打印机——SLA-250

1988 年的某一天，一位来自美国康涅狄格州名为斯科特·克伦普(Scott Crump) (如图 1-4 所示)的年轻人决定亲手为女儿做一只玩具青蛙。这对于学过机械工程，并从事过焊接工作的斯科特来说，并不是一件难事。他先将聚乙烯和烛蜡混合物装进喷胶枪，通过一层一层堆叠，做出了青蛙的形状。为此，他用 1 万美元买了台数字制图设备，花了很多个周末待在工作室里潜心研究，以便实现制造过程的自动化。一年后，女儿的青蛙玩具制作出来了，他也因此获得了熔融沉积成形 (Fused Deposition Modeling, FDM)技术的专利。这项 3D 打印技术主要是利用蜡、ABS、PC、尼龙等热塑性材料来制造物体，斯科特·克伦普在成功发明该技术之后也成立了一家公司，并将其命名为 Stratasys。目前，3D Systems 和 Stratasys 已成为 3D 打印领域最大的两家公司。

图 1-4　斯科特·克伦普(Scott Crump)

仅仅一年后，即 1989 年，美国德克萨斯大学的卡尔·德卡德(Carl Deckard)博士发明了第三种 3D 打印技术——选择性激光烧结(Selective Laser Sintering，SLS)技术，相关报道如图 1-5 所示。这项技术是利用高强度激光将尼龙、蜡、ABS、金属和陶瓷等材料粉末烧结，直至成形。

图 1-5 美国德克萨斯大学的卡尔·德卡德博士发明选择性激光烧结技术打印机的报道

1993 年，麻省理工学院的伊曼纽尔·萨克斯(Emanual Sachs)教授也加入了 3D 打印技术的研究领域，他创造了三维喷墨粘粉打印(Three-Dimensional Printing，3DP)技术，即将金属、陶瓷的粉末通过黏合剂粘在一起成形。1995 年，麻省理工学院的毕业生 Jim Bredt 和 Tim Anderson 修改了喷墨打印机方案，实现了将约束溶剂挤压到粉末床上，而不必局限于把墨水挤压到纸张上。随后，他们创立了现代的 3D 打印企业，即 Z Corporation。

1996 年在一定程度上可以算是 3D 打印机商业化的元年。在这一年中，3D Systems、Stratasys、Z Corporation 分别推出了型号为 Actua2100、Genisys 和 2402 的三款 3D 打印机产品，并第一次使用了"3D 打印机"的名称。

3D 打印技术发展史上另一个重要的时刻是 2005 年，由 Z Corporation 推出了世界上第一台高精度彩色 3D 打印机——Spectrum 2510，如图 1-6 所示。

图 1-6　世界上第一台高精度彩色 3D 打印机——Spectrum 2510

同一年，开源 3D 打印机项目 RepRap 由英国巴斯大学(University of Bath)机械学院的阿德里·保耶(Adrian Bowyer)发起，他的目的是通过 3D 打印机本身，打印制造出另一台 3D 打印机，从而实现机器的自我复制和快速传播。经过三年的努力，在 2008 年，第一代基于 RepRap 的 3D 打印机正式发布，代号为"达尔文(Darwin)"，如图 1-7 所示，这款打印机可以打印它自身元件的 40 %，但体积却只有一个箱子的大小。

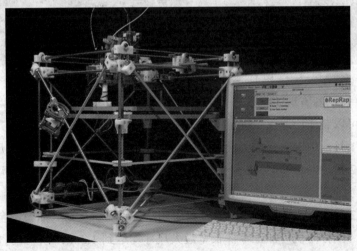

图 1-7　第一代基于 RepRap 的 3D 打印机——达尔文

2010 年，3D 打印行业的发展速度明显加快。2010 年 11 月，一辆完整身躯的轿车由一台巨型 3D 打印机打印而出，这辆车的所有外部件，包括玻璃面板都是由 3D 打印机制造完成的。使用到的设备主要是 Dimension 3D 打印机，以及由 Stratasys 公司数字生产服务项目 RedEye on Demand 提供的 Fortus 3D 成形系统。

2011 年 8 月，诞生了世界上第一架 3D 打印飞机，这架飞机由英国南安普顿大学的工程师建造完成。

2012 年 3 月，3D 打印的最小极限再一次被维也纳大学的科研人员刷新，他们利用二光子平板印刷技术，制作了一辆长度不足 0.3 mm 的赛车模型，如图 1-8 所示。

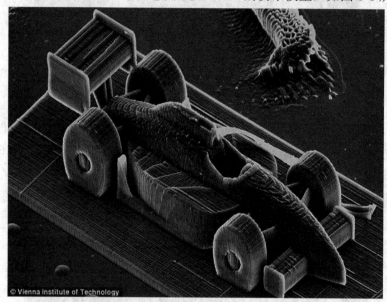

© Vienna Institute of Technology

图 1-8　显微镜下的 3D 打印赛车模型

2012 年 9 月，麻省理工学院媒体研究室研究出一款新型 3D 打印机——Form 1，这款 3D 打印机可以制作层厚仅 25 μm 的物体。

2012 年 11 月，中国宣布成为世界上唯一掌握大型结构关键件激光成形的国家。

2012 年 12 月，Stratasys 宣布最大的喷墨 3D 打印机 Objet 1000 能打印 1 m × 0.8 m × 0.5 m 大小的物件。

2012 年 12 月，华中科技大学史玉升科研团队实现重大突破，研发出全球最大的 3D 打印机，这一 3D 打印机可加工零件长宽最大尺寸均达到 1.2 m。该 3D 打印机基于粉末床的激光烧结快速制造设备。

2013 年 1 月，中国首创用 3D 打印制造飞机钛合金大型主承力构件，由北航教授王华明团队采用大型钛合金结构件激光直接制造技术制造。

2013 年 2 月，美国康奈尔大学研究人员发表报告称，他们利用牛耳细胞在 3D 打印机中打印出人造耳朵，可以用于先天畸形儿童的器官移植(见图 1-9)。

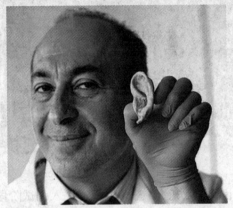

图 1-9　3D 打印技术打印出来的人造耳朵

2013 年 2 月，德国公司 Nanoscribe GmbH 在美国旧金山某展会上发布了一款迄今为止最高速的纳米级别微型 3D 打印机——Photonic Professional GT。这款 3D 打印机能制作纳米级别的微型结构，以最高的分辨率、快速打印出不超过人类头发直径的三维物体。

2013 年 3 月，著名运动品牌耐克公司就设计出了一款 3D 打印的足球鞋(见图 1-10)。这双 3D 打印的鞋名为 "Vapor Laser Talon Boot"，整个鞋底都采用 3D 打印技术制造。这双 3D 打印足球鞋基板采用了选择性激光烧结技术，该技术能使鞋子减轻自身重量并缩短了制作过程，整双制作下来只有 150 克重。

图 1-10　耐克公司设计的 3D 打印足球鞋

2013 年 3 月，美国波士顿创业公司 Wobble Works 发起了一个项目，为号称全球第一款 3D 打印笔的"3Doodler(3D 涂鸦手)"募资，3D 打印笔如图 1-11 所示。

图 1-11　3D 打印笔 3Doodler

2013 年 6 月，世界上最大激光 3D 打印机已经进入调试阶段，由大连理工大学参与研发，最大加工尺寸达 1.8 m。其采用"轮廓线扫描"的独特技术路线，可以制作大型的工业样件和结构复杂的铸造模具。这种激光三维打印方法已获得两项国家发明专利。

2013 年 8 月，杭州电子科技大学等高校的科学家们自主研发出了一台生物材料 3D 打印机。科学家们使用生物医用高分子材料、无机材料、水凝胶材料或活细胞，已在这台打印机上成功打印出较小比例的人类耳朵软骨组织、肝脏单元等。

2013 年 11 月，全球首支 3D 打印金属枪问世，如图 1-12 所示，原型模板为经典的 M1911 式手枪，由总部位于美国德克萨斯州奥斯汀的 3D 打印公司"固体概念(Solid Concepts)"团队设计并制造。

图 1-12　全球首支金属 3D 打印手枪

2014 年 6 月,美国海军在作战指挥系统活动中举办了第一届制汇节,开展了一系列
"打印舰艇"研讨会,并在此期间向水手及其他相关人员介绍了 3D 打印及增材制造
技术。

2014 年 7 月,美国海军试验了利用 3D 打印等先进制造技术快速制造舰艇零件,希
望借此提升执行任务速度并降低成本。

2014 年 7 月,美国国家航空航天局喷气推进实验室的科学家,开发出一种新的 3D
打印技术,可在一个部件上混合打印多种金属或合金,解决了长期以来飞行器尤其是航
天器零部件制造中所面临的一大难题。

2015 年 1 月,上海盈创装饰设计工程有限公司召开新闻发布会称:他们已经完成了
全球最高的 3D 打印建筑——一栋 5 层高的住宅楼,以及全球首个 3D 打印的别墅(如图
1-13 所示),该别墅建筑面积达 1100 平方米,其内外装饰都已经完成。他们用于建造房
屋的 3D 打印机高为 6.6 m、宽为 10 m、长为 150 m,而 3D 打印"油墨"是用回收的建
筑垃圾、玻璃纤维和水泥的混合物制成的。

图 1-13　全球首个 3D 打印的别墅

2015 年 2 月,来自以色列的 3D 打印公司 something3D 宣布,他们正在推出一款全
彩的桌面型 3D 打印机 Chameleon(意为"变色龙"),将为用户提供全新的基于熔融线材
制造技术的彩色 3D 打印体验。这款 Chameleon 3D 打印机主要使用青色、品红色、黄色、
黑色和白色的线材,然后根据用户的需要通过以上 5 种颜色的组合,形成任意的色彩。

2015 年 3 月，美国科学家宣布制造出一台分子制造机，即可以在分子水平上工作的 3D 打印机，如图 1-14 所示，通过点击鼠标，即可根据需要组装出复杂的小分子。

图 1-14　分子 3D 打印机

2015 年 8 月，美国食品药品管理局正式批准了 Aprecia 公司使用 3D 打印制造的药片。

2016 年 1 月，波士顿的哈佛大学威斯生物工程研究所和哈佛大学保尔森工程与应用科学学院的科学家们宣布将他们的微型 3D 打印技术推向第四个维度，即时间。4D 打印的水凝胶复合材料(见图 1-15)实现了精确的局部肿胀和变形的行为。其中的奥秘是水凝胶复合材料中含有来自木材的纤维素纤维，这些纤维可使植物的形状发生变化。

图 1-15　4D 打印的水凝胶复合材料

2016 年 4 月,中科院重庆研究院与中科院空间应用中心共同研制成功我国首台空间 3D 打印机,并在法国波尔多完成了抛物线失重飞行试验,如图 1-16 所示。它可打印的最大零部件尺寸超过了美国国家航空航天局运至国际空间站的 3D 打印机打印尺寸。我国首台空间 3D 打印机可打印的最大零部件尺寸达到 200 mm × 130 mm,打印速度为 10~30 mm/s,可以在一到两天内打印出需要更换的零部件,且适用于绝大部分零部件,在空间站运营、深空探测等任务中有不可或缺的作用,能方便、快捷地帮助宇航员在失重环境下自制所需的实验和维修工具及零部件,大幅度提高空间站实验的灵活性和维修的及时性,减少空间站备品备件的种类、数量及运营成本,降低空间站对地面补给的依赖性。

图 1-16　空间 3D 打印机在法国波尔多进行抛物线失重飞行试验

2016 年 6 月,中华人民共和国科学技术部高技术研究发展中心将"增材制造与激光制造"等 10 个重点专项信息进行公示,国家重点研发计划"增材制造与激光制造"重点专项涉及航空航天、医疗、互联网等多个领域,共 27 项。与重点基础材料、先进电子材料不同,3D 打印的研发主力为企业,共获得 2.3503 亿元投入,其中获得千万以上投入的企业更是多达 10 个,高校有 4 所。

2016 年 7 月,美国橡树岭国家实验室(ORNL)的科学家通过对一系列聚焦的电子和离子束 3D 打印技术进行评估,透射电子显微镜能够实现单原子成像、化学应变成像和皮米级结构映射,它使科学家能够制造出特征分辨率不到 10 nm 的新材料。ORNL 科学家表示,这种交互式的,且结合了电子、离子的成像显微镜,可以作为下一代原子级 3D 打印设备的基础。

2017 年 1 月，萨诸塞州伯灵顿的初创公司 Desktop Metal 推出了桌面金属 3D 打印机——Studio(见图 1-17)，其售价为 49 900 美元，它能够像传统塑料 3D 打印机一样一层层地打印金属，并非目前金属打印机中常用的减色印片法（Subtractive Method）。这款金属打印机能够使用超过 200 多种合金，并能够同金属粉末一起用于金属注射成形，公司承诺打印出来的零件可以媲美传统注塑成形工艺制成的金属零件。Desktop Metal 公司表示该系统的价格仅为激光系统的 1/10，而且在使用方面更容易且更安全，熔炉的热量会通过气体流动和微波方式进行散热。官方表示这款金属打印机可以放在办公环境中进行使用。目前，完整一套 Studio 打印机的售价为 12 万美元，Desktop Metal 同时致力于更高吞吐量的生产系统，从而使打印速度更快。

图 1-17　Desktop Metal 公司推出的第一款桌面金属 3D 打印机——Studio

2017 年 5 月，我国具有完全自主知识产权、首款按照最新国际适航标准研制的干线民用飞机 C919 首飞成功，该飞机的诸多关键零件均使用 3D 打印技术制造。

2017 年 6 月，第四军医大学西京医院成功实施了世界首例计算机辅助 4D 打印生物可降解材料填充物乳房重建手术，为乳腺癌乳房切除患者带来新的重建方式。据介绍，此次应用的生物填充材料属于"4D"范畴，加入了时间维度，即通过改变结构和材料的分子量，填充物可以在设定的时间内进行变形降解，避免在体内留有异物。

2018 年 4 月，以色列的 XJet 公司在美国德克萨斯州公布 NanoParticle Jetting(NPJ) 正式离开实验室。多年来，XJet 公司一直致力于 NanoParticle Jetting 3D 打印技术，这种喷墨技术既适用于金属制造，又适用于陶瓷制造。据悉，XJet 公司在 NanoParticle Jetting(NPJ)研发上投入巨大，耗费了 10 多年时间、1 亿多美元，将 100 多名员工(主要是研发工程师)聚集在一起，创造出了 80 项原创 XJet 专利。NanoParticle Jetting 每秒可沉积 2.22 亿滴，在零件性能、安全和简单的操作以及新的几何标准三个方面表现独特。

2018 年 5 月，国家重点研发计划"增材制造与激光制造"重点专项拟立项的 2018 年度项目公示，总经费近 6 亿，并由 30 个单位获得。

纵观整个 3D 打印机的发展历史，我们可以看到，随着 3D 打印技术的多元化以及种类的变化，3D 打印机可以打印的物品也更加多元化，而且随着科技的发展，打印成本也逐渐降低。1999 年 3D Systems 发布的 SLA 7000 售价 80 万美元，而 2013 年推出的 Cube 仅需 1299 美元。另外，对于普通用户和制造企业来说，虽然 3D 打印的大规模产业化时机还没有成熟，但我们从中可以看出，3D 打印机已逐渐向两级分化，除了百万元级的大型 3D 打印机之外，目前国内也出现了面向个人用户的、价格仅为几千元的 3D 打印机。

虽然目前的 3D 打印技术还受到许多限制，例如缺乏稳定廉价的原材料、高效精准的设备以及成熟的商业应用等，但人们已经在珠宝、制鞋、工业设计、建筑、土木工程、汽车、航空航天、医疗、教育、地理信息系统，以及其他许多领域看到了它巨大的潜力和价值。所以，我们有理由相信，随着 3D 打印技术的不断发展和大量资源的不断投入，以及不同背景专业人员的积极参与，将很快看到 3D 打印机一次次为我们呈现出更加精细和更加实用的物品，以用来造福整个人类社会。

1.2　3D 打印技术的优势与劣势

1.2.1　3D 打印技术的十大优势

3D 打印机与传统制造设备的不同之处在于其不像传统制造设备那样通过切割或模具塑造来制造物品。3D 打印机通过层层堆积的方式来形成实物物品，这恰好从物理的角度扩大了数字概念的范畴。当人们要求具有高精度的内部凹陷或互锁部分的形状设计时，3D 打印技术便具备了与生俱来的优势。3D 打印技术至少包含以下十个方面的优势。

1. 制作复杂物不增加成本

就传统制造设备而言，物体形状越复杂，制造成本越高。而对 3D 打印机而言，制造形状复杂的物品不增加成本，制造一个华丽的形状复杂的物品并不比打印一个简单的方块消耗更多的时间或者成本(见图 1-18)。制造复杂物品而不增加成本将打破传统的定价模式，并改变我们计算制造成本的方式。

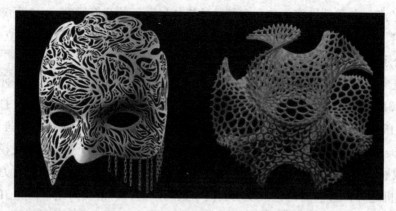

图 1-18　3D 打印技术制造的复杂结构

2. 产品多样化不增加成本

一台 3D 打印机可以打印许多形状，它可以像工匠一样每次都做出不同形状的物品。传统制造设备的功能较少，做出的形状种类有限。3D 打印省去了培训机械师或者购置新设备的成本，一台 3D 打印机只需要不同的数字设计蓝图和一批新的原材料就能够源源不断地在产品上推陈出新。

3. 无需组装

3D 打印能使部件一体化成形(见图 1-19)。传统的大规模生产建立在组装线基础上，比如在现代工厂，机器生产出相同的零部件，然后由机器人或者工人组装。产品组成部件越多，组装耗费的时间和成本就越多，而 3D 打印机通过分层制造可以同时打印一扇门及上面的配套铰链，不需要组装。省略了组装就意味着缩短了供应链，节省了在劳动力和运输方面的花费，从而也减少了污染。

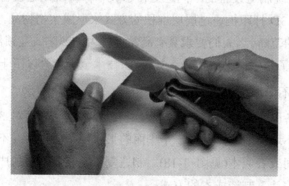

图 1-19　3D 打印剪刀"开箱即用"，不需要组装或打磨

4. 零时间交付

3D 打印机可以按需打印。即使没有实物库存，企业也可以根据客户订单使用 3D 打印机按客户定制需求打印出特殊的产品，使新的商业模式成为可能。如果人们所需的物品按需就近生产，那么零时间交付式生产便能最大限度地减少长途运输的成本。

5. 设计空间无限

传统制造技术和工匠制造的产品形状有限，制造形状的能力受制于所使用的工具。例如，传统的木制车床只能制造圆形物品，轧机只能加工铣刀组装的部件，制模机只能制造模铸形状。3D 打印机可以突破这些局限，开辟巨大的设计空间，甚至可以制作目前可能只存在于自然界的形状。

6. 零技能制造

传统工匠需要当几年学徒才能掌握所需要的技能。批量生产和计算机控制的制造机器降低了对技能的要求，然而传统的制造机器仍然需要熟练的专业人员进行机器调整和校准。3D 打印机从设计文件里获得各种指示，做同样复杂的物品，3D 打印机所需的操作技能比注塑机少。它为非技能制造开辟了新的商业模式，并能在远程环境或者极端情况下为人们提供新的生产方式。

7. 不占空间，便携制造

就单位生产空间而言，与传统制造机器相比，3D 打印机的制造能力更强。例如，注塑机只能制造比自身小很多的物品，与此相反，3D 打印机可以制造与其打印台一样大的物品。3D 打印机调试好后，打印设备可以自由移动，从而可以制造比自身还要大的物品。较高的单位空间生产能力使得 3D 打印机适合家用或者办公使用，因为它们所需的物理空间小。

8. 减少废弃副产品

与传统的金属制造技术相比，3D 打印机制造金属时产生较少的副产品。传统金属加工的浪费量惊人，90% 的金属原材料被丢弃在工厂车间里。3D 打印制造金属时浪费量减少。随着打印材料的进步，"净成形"制造可能成为更环保的加工方式。

9. 材料无限组合

对当今的制造机器而言，将不同原材料结合单一产品是件难事，因为传统的制造机器在切割或者模具成形过程中不能轻易地将多种原材料融合在一起。随着多材料 3D 打印技术的发展，我们有能力将不同原材料融合在一起。以前无法混合的原料混合后将形成新的材料，这些材料色调种类繁多，具有独特的属性或者功能(见图 1-20)。

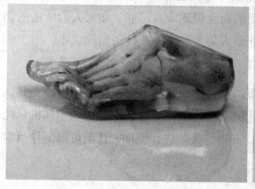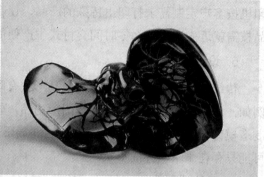

图 1-20　多材料混合的 3D 打印模型

10. 精确的实体复制

传统的黑胶唱片和磁带，往往只能通过实体物理传递来确保信息不被丢失。而数字音乐文件的出现则带来了革命性的变化，既使得信息脱离了载体，也使得信息可以被无休止地精确复制却不会降低音乐质量。在未来，3D 打印技术也将在整个生产制造领域把数字精度扩展到实体世界中。扫描技术和 3D 打印技术将共同提高实体世界和数字世界之间形态转换的分辨率，我们可以扫描、编辑和复制实体对象，创建精确的副本或者优化原件(见图 1-21)。

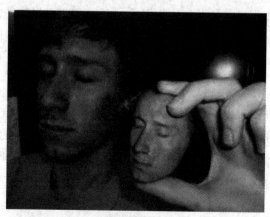

图 1-21　高精度的个性化定制

1.2.2 3D 打印技术的三大劣势

金无足赤，人无完人。任何新技术都不可能一出现便完美无缺、无所不能，一定既存在优势又有劣势，3D 打印技术也是如此，除了前面提到的十大优势外，它最少还存在以下三个方面的劣势。

1. 材料性能差，产品受力强度低

就现在的科技水平而言，与传统制造业相比，3D 打印所制造的产品在很多方面(如强度、硬度、柔韧性、机械加工性等)都与传统加工方式有一定差距。房子、车子固然能"打印"出来，但要能够牢固地驱寒供暖，要能在路上安全可靠地高速行驶，还有很长的路要走。

在之前也有 3D 打印机能打印手枪的新闻被海量的媒体大肆宣传，这样说虽然没有错误，但打印出来的手枪真的能发射子弹吗？并且完整的手枪是否能打印出来，还是只能打印出一部分？至少对于当前最新的工业级 3D 打印设备而言，只能做到基本的枪身由 3D 打印制作而成(见图 1-22)，至于膛线、枪管以及撞针，还需要用传统工艺来制造。

图 1-22 3D 打印的枪支强度差

由于 3D 打印机的制作工艺是层层叠加的增材制造，这就决定了层和层之间即使黏合得再紧密，也无法达到传统模具整体浇铸成形的材料性能。这意味如果在一定外力条件下，特别是沿着层与层衔接处，打印的部件将非常容易解体。虽然现在出现了一些新的金属快速成形技术，但是要满足许多工业需求、机械用途或者进一步机加工，还不太可能。目前，3D 打印设备制造的产品大多只能作为原型使用，要达到作为功能性部件的

要求还十分勉强。

2. 可供打印的材料有限，且成本高昂

目前可供 3D 打印机使用的材料只有为数不多的几种，常用的主要有石膏、无机粉料、光敏树脂、塑料、金属粉末等。如果要用 3D 打印机打印房屋或汽车，仅靠这些材料还是无法实现的。如果要使用 3D 打印进行金属材料加工，即使只是一些常见的材料，前期设备投入也普遍都在数百万元以上，其成本高昂可想而知。

若要使用 3D 打印机进行生产制造，除了前期设备价格高昂之外，在后期工作中也需要相当大的投入。比如要制作一个金属的电机外壳，目前打印这种样品的原装金属粉末耗材每千克都在数万元，甚至数十万元。计算成本时除了成形材料外，还需要考虑支撑材料，因此使用高端 3D 打印机打印的样品模型往往需要耗费数万元。这相比采用传统的工艺方法开模打样，使得在不考虑时间成本的基础上，3D 打印的优势荡然无存。虽然目前国产的廉价光敏树脂已经在市场上可以看到，价格也只有国外进口的十分之一甚至几十分之一，但相比传统制造而言，其原材料成本仍然要昂贵许多。

3. 制造精度问题

由于分层制造存在台阶效应，尽管每个层都分解得非常薄，但在一定微观尺度下仍会形成具有一定厚度的多级"台阶"，且层厚越大，台阶效应越明显(见图 1-23)。如果需要制造的对象表面是圆弧形，那么不可避免地会造成精度上的偏差。

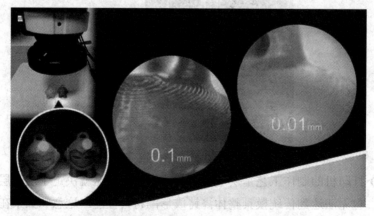

图 1-23　3D 打印成品中普遍存在台阶效应

此外，许多 3D 打印工艺制作的物品都需要进行二次强化处理，当表面压力和温度同时提升时，3D 打印生产的物品会因为材料的收缩与变形而进一步降低其精度。

1.3　3D 打印技术应用前景

从 3D 打印技术的商业应用前景来看，现在已经有一系列的应用在逐渐地改变着人们的生产与生活。虽然离大规模应用还有一定的距离，但是如果从未来发展趋势考虑，其潜力将是十分惊人的。如今在众多领域，例如航空航天、汽车工业、现代制造业、医学和生物工业技术等，3D 打印技术已经展现出广阔的应用前景。无论是个人消费品领域里设计个性化的创意应用，还是数量可观的生活用品制造方面，3D 打印技术一次又一次地带给我们巨大的惊喜。

在消费品市场，电子照明、影像设计、家具家居、家用饰品、珠宝首饰、建筑模型、教育市场、玩具市场等领域的终端产品正迎来爆发式增长。与此同时，也已经有越来越多的国际企业和政府机构正针对交通、航空、国防、医疗保健等领域的核心应用的制造方式进行重新部署，这些都是 3D 打印技术的发展机遇。

1.3.1　模型设计领域的应用

3D 打印技术在模型设计、原型制作领域拥有非常光明的前景和广泛的适用范围。当前主要的企业级 3D 打印设备也多应用在相关领域，主要包括工业制造、建筑模型、航空航天等。

1. 工业制造

汽车制造一直由于技术复杂、工序繁复，被人们誉为工业制造皇冠上最为璀璨的一颗明珠。在 2011 年 9 月温尼伯 TEDx 会议上，世界首款"3D 打印汽车"(见图 1-24)在人们面前揭开面纱。这款被命名为"Urbee"的 3D 打印汽车，车身由特制的 3D 打印机所打印制造，除了使用了超薄合成材料逐渐融合固化，这款最为另类的汽车就像直接绘制而成一般。整款汽车的外形设计非常科幻光滑，让人们很容易联想起科幻电影《第五元素》中未来世界的汽车外形。

3D 打印技术为我们打开了"数字化制造"的大门，我们将用完全不同的方式来定义、设计和生产机器的部件。Urbee 的诞生几经波折，整个研发和制造经历 15 年才完成。它有三个车轮，两个座位，能耗十分低，仅为类似大小的普通汽车的百分之一，理想状况下百公里油耗仅为 1 升。在动力方面，Urbee 汽车由一个 8 马力的小型单气缸发动机来驱动，但由于车身重量较轻，因此最高时速可以达到 112 公里。该汽车的设计公司——加拿大候尔生态公司，认为该款汽车完全满足人们日常生活的需要，并且非常经济便捷。

图 1-24　首款采用 3D 打印技术制造的汽车——Urbee

该项目主管吉姆·候尔(Jim Kor)在温尼伯 TEDx 会议上指出，Urbee 是绿色环保汽车的一款里程碑产品。他表示 Urbee 的制造过程十分简单，并没有什么繁杂的流程，仅仅需要将打印材料按照要求放置，然后进行打印即可。由于采用 3D 打印技术，整个制造过程是一个增材制造的过程，按设计者所说，他们的下一个目标是使用完全可回收性材料来进行打印制造，到时生产的汽车将具有可回收的优点，但并不是说在短时间内就会分解，整车的使用寿命最少有 30 年。

Urbee 汽车工程师在打印汽车时将多层超薄合成材料放置在顶端，使这些超薄合成材料在"逐层打印"的过程中被制作成非常牢固的 3D 结构，从而使得新生产的汽车有着相对于传统工艺而言无可比拟的特点——更轻的质量、更良好的结构、更加新颖的制作工艺，并且，还可以根据用户的不同需求来进行个性化制作，最重要的是其制作成本并不会有任何增加。这些都使得 3D 打印制造的汽车摆脱了传统汽车制造业的束缚，成为一款具有划时代意义的产品。

2. 建筑模型

随着 3D 打印技术的日益进步和完善，越来越多的物品开始通过 3D 打印来进行生产制造，可见 3D 打印的潜力远远比生产一些 DIY 家具物品要大很多。实际上，3D 打印甚至存在着完全颠覆传统行业的潜力。

2013 年 1 月，一位来自荷兰宇宙建筑公司名为 Janjaap Ruijssenaars 的建筑师开始用

3D 打印技术制造一栋建筑模型。制造的这栋建筑模型名称为 Landscape House。这个名字的灵感来源于该模型的外形模拟了奇特的莫比乌斯环(Mobius Band)。

莫比乌斯环是一种拓扑结构，由德国数学家、天文学家莫比乌斯和约翰·李斯丁在 1858 年发现而得名，其结构包含一个面(表面)和一条边界。制作一个莫比乌斯环十分简单，只需用一个纸带旋转半圈再把二端粘上即可，但其本身却拥有很多奇妙的特征，例如在任何一个面或沿任何一条边移动，都永远在一个环中，无法走出(见图 1-25)。

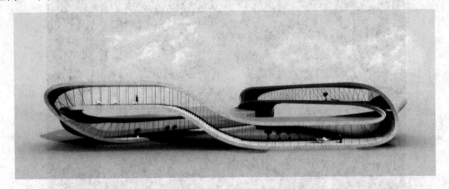

图 1-25　奇特的建筑——Landscape House

为了制造这样的建筑，Ruijssenaars 与意大利发明家 Enrico Dini 联手，他们设计打印出包含沙子和无机黏合剂的建筑框架，大小为 6 m × 9 m，然后用纤维强化混凝土对建筑框架加以填充，最终形成单流设计、上下两层的结构。

这和打印普通的小东西不同，打印一栋房子需要用到十分庞大的 3D 打印机才能完成，而 Enrico Dini 设计的 "D-shape" 打印机，恰好可以使用砂砾层、无机黏合剂进行打印，经过测试发现完全能够满足普通建筑的打印需求。但即使是这样的设备，让它直接打印一座庞大的建筑也是十分艰难的，为此 Dini 不得不将建筑拆分开来，只用打印机制作它的整体结构，而外墙面则通过钢纤维混凝土来填充。

3. 航空航天

飞行器风洞模型是飞机研制过程中极其重要的环节，风洞模型的加工质量、试验周期和测试成本都直接影响研制的效率。目前的风洞模型多采用传统数控加工的方法进行制作，普遍存在加工周期长、成本高等特点，对于复杂外形和结构还存在难以加工等问题。而 3D 打印技术将会使以上这些问题迎刃而解。

除了传统的模型验证，3D 打印在航空航天方面也发挥着重要作用，实际产品制作环节也是其中之一。美国国家航空航天局(NASA)和 Aerojet Rocketdyne 公司成功使用 3D

打印技术制作了火箭发动机的最复杂部件——喷油器。Aerojet Rocketdyne 公司使用选择性激光烧结技术(SLS)，采用高功率激光束融化细金属粉末来形成三维结构，制造了这个非常关键的火箭发动机部件。图 1-26 所示便是在克利夫兰格伦研究中心的火箭发动机燃烧实验室，对液体氧/气态氢火箭喷油器进行点火实验的情景。

图 1-26　NASA 正在测试 3D 打印机制造的火箭喷油器

3D 打印技术不仅能提高火箭发动机的制造效率，还能节省大量制造时间和费用。NASA 的空间技术协作主管 Michael Gazarik 表示，通过使用 3D 打印机，发动机零件甚至整个飞行器的生产时间和成本都得到了显著降低。按照传统的工艺来生产这款喷油嘴需要超过一年的时间，但是使用 3D 打印技术后大幅提高了工作效率，只用不到 4 个月便完成了生产，同时成本还降低了 70%。之前 3D 打印技术更多的时候是用于制作一些不太重要的部件，而将其用于火箭喷油嘴的制造则是一个里程碑式的进步。

除上面介绍的应用外，为了减少从地球运输补给的需要，NASA 尝试直接在空间站内利用 3D 打印技术打印出所需的零件。2014 年 NASA 将一台 3D 打印设备送至空间站内，此打印设备是首个在微重力条件下工作的 3D 打印设备，其体积足够小，能装入微重力科学手提箱中。

首先，飞行控制器可将 CAD 文件上传至空间站，用以打印复杂零件，接着，机组人员将新打印的零件进行组装以生成工具，用于修复受损的齿轮，甚至是组装纳米卫星(见图 1-27)。此项技术对于航空航天领域意义非凡，特别是在执行未来长期的低地球轨道之外的任务时，将会为机组人员带来极大的益处。

图 1-27　在空间站微重力条件下 3D 打印机打印的零件

　　与发达国家相比，我国 3D 打印技术虽然在技术标准、技术水平、产业规模和产业链方面还存在大量有待改进和发展的地方，但经过多年的发展，在航空航天领域也取得了较大的突破，部分关键技术已达到世界先进水平。

　　2016 年 11 月 3 日 20 时 43 分，我国最大推力新一代运载火箭长征五号(见图 1-28)在中国文昌航天发射场点火升空。约 30 分钟后，载荷组合体与火箭成功分离，进入预定轨道，火箭首飞任务圆满成功。

图 1-28　长征五号运载火箭

长征五号是无毒无污染绿色环保型新一代运载火箭的基本型,采用 5 m 直径芯级,捆绑 4 枚 3.35 m 直径助推器,全长约 57 m,起飞重量约 870 t,起飞推力超过 1000 t,拥有近地轨道 25 t、地球同步转移轨道 14 t 的运载能力。长征五号在研制过程中首次全面采用了先进的数字化设计,开创了火箭型号数字化研制的先河。其主承力构件——钛合金芯级捆绑支座,就是使用 3D 打印技术制造出来的。它采用具有高比强度的钛合金材料,利用激光同步送粉 3D 打印工艺,实现捆绑支座的整体成形。这是中国自主高端 3D 打印技术在制造大型主承力部段关键构件上的首次应用,对拓展 3D 打印技术在火箭结构制造上的应用、丰富大型难加工金属结构件制造手段具有重要意义。

2017 年 5 月,我国具有完全自主知识产权、首款按照最新国际适航标准研制的干线民用飞机 C919(见图 1-29)首飞成功。C919 中的中央翼缘条是用 3D 打印技术制造的。飞机的中央翼用于连接左右大翼,它承受两边大翼的升力和机身的重力,是整架飞机受力最重要的部件。作为机翼的主要承重部件,机翼中央翼缘条由西工大铂力特公司用 3D 打印技术生产。

图 1-29　中国商用大飞机 C919

C919 上还装载了 23 个 3D 打印零部件,由 C919 大飞机前机身和中后机身大部段主要生产商——中航工业洪都集团委托飞而康科技生产。这批 3D 打印零件分别应用在 C919 前机身和中后机身的登机门、服务门以及前后货舱门上。这架大飞机带动了国内飞机制造产业链的发展，实现了中国航空工业的重大历史突破。

1.3.2 医疗领域的应用

由于 3D 打印技术在个体定制化生产方面具有巨大优势，使其具备颠覆传统生物、医疗领域的潜力。目前已经出现了许多激动人心的应用实例，如体外医疗器械、3D 打印植入体、3D 打印人体器官等。

1. 体外医疗器械

E-Nable 是目前为止最著名和最具正能量的全球 3D 打印在线社区，它是一个由全世界 1600 名志愿者组成的群体。一开始，E-Nable 只是 Google+ 上的一个在线社区——E-Nable Group，发起人是 Jon Shull，他号召全球拥有 3D 打印机的创客联合起来，为需要义肢的朋友打印组合零件。他先在网络上设立了 E-Nable map，有 3D 打印机的人都可以在网页上登记，让有需求的朋友能就近寻求协助。

2014 年 10 月，E-Nable 推出了一个在线工具包——Hand-O-Matic，这款软件可以更简单地设计出合适的义肢。图 1-30 所示的便是由这款在线软件设计并 3D 打印的义肢。这为全世界数以千计的残障人士带来了福音，为他们带来了低成本的定制化功能性假肢。残疾儿童尤其受益于这一点。这种通过将在线工具和桌面 3D 打印机结合起来的方式，会帮助更多需要 3D 打印义肢的人。

(a)

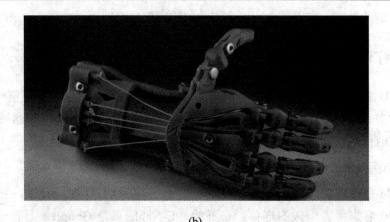

(b)

图 1-30　E-Nable 社区为残疾儿童提供的 3D 打印机械手

2. 3D 打印植入体

威尔士人 Stephen Power 在 2012 年 9 月遭遇了一起严重的摩托车事故,导致他面部、两条胳膊和右腿严重骨折。整形外科医生只能对他脸部的损伤进行固定,并没有对他的眼眶进行修复,这是因为医生担心多余的修复可能会影响到他的视力。

由于 Stephen Power 的颧骨和眼眶碎裂,头骨骨折,下巴也出现碎裂,因此他出入公共场所的时候都会戴帽子和墨镜。通过 3D 打印技术,医生准确、安全地帮助他"重塑"了面容(见图 1-31)。医生通过对 Power 的脸部进行 3D 扫描,然后在电脑里面创建模型,建造出合适的骨骼。绘制出来的图像可以精确指引医生切割和放置脸部骨架的位置,并用来制作替患者量身打造的植入体(见图 1-32)。

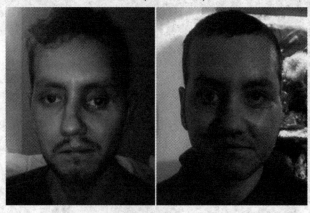

图 1-31　Stephen Power 手术前后面容对比

图 1-32　用钛合金 3D 打印的颧骨图像

3. 3D 打印人体器官

美国普林斯顿大学的一个纳米科学家小组利用一台 3D 打印机、一个培养器皿以及一些来自牛的细胞，培育出可以接收和传导声音的仿生人耳(见图 1-33)。

图 1-33　美国普林斯顿大学科学家用 3D 打印机制作的人耳

这些科学家将掺有牛细胞的凝胶状液体以及微小的银粒送入打印机,打印机经过特殊程序设计,将这些材料塑造为仿生耳朵,并将银粒做成螺旋状天线的形状。这些天线和普通天线一样,可以接收无线电波,随后仿生耳朵可以将这些电波诠释为声音。

3D 耳朵刚打印出来时是柔软而透明的,它需要培养 10 周,让细胞繁殖,随后会渐渐呈现肉体颜色,并且在天线周围形成较硬的组织。经过测试,这只耳朵可以接收 1 MHz～5 GHz 的信号,远远超过人耳的接收范围(20 Hz～20 kHz)。目前只能接收无线电波,但科学家相信可以通过其他材料进一步扩大这种人造耳朵的接收范围。

1.3.3 服饰、食品领域的应用

3D 打印技术的出现,将有可能把制造业的触角带入一些之前无法想象的行业,使得人们可以像流水线生产手机、汽车零部件一般来生产服装、食物等。

1. 巴黎时装周新宠

巴黎时装周(Paris Fashion Week)起源于 1910 年,由法国时装协会主办。法国时装协会成立于 19 世纪末,协会的最高宗旨是将巴黎作为世界时装之都的地位打造得坚如磐石。他们帮助新晋设计师入行,组织并协调巴黎时装周的日程表,务求让买手和时尚记者尽量看全每一场秀。

2015 年,在巴黎时装周上,荷兰著名时装设计师 Iris Van Herpen 发布了她的 3D 时装系列。在这个系列中,Iris van Herpen 以成年(Grown)为主题展示了她的 3D 打印服装及配饰,主要探讨磁场力的相互作用。

2016 年,Iris Van Herpen 与加拿大建筑师 Philip Beesley 和荷兰艺术家 Jolan Van der Wiel 一起合作,创作出了 3D 时装,而 Philip Beesley 则是将计算技术、合成生物学和机械电子工程结合在一起创造出“活”的雕塑的先驱。

图 1-34 是设计师们设计的 3D 时装,时装系列包括礼服、外套、裤子、裙子和上衣,设计师们使用了复杂的手工、3D 打印、激光切割和注塑成形等各种手段,给人一种强烈的视觉震撼。让我们试想,如果 3D 服装技术进入实用技术领域,同 3D 人体测量、CAD、CAPP 等技术相结合,将可以实现自动化的“单量单裁”。那时每一个人都可以成为裁缝师傅,为自己量身打造喜欢的衣服,这恰恰是服装业所热切期盼的新技术。

图 1-34　巴黎时装周上展示的 3D 打印时装

　　然而，由于服装的产品外形、材质、使用要求都与其他工业产品大不相同，具有非常鲜明的行业特点，因而对 3D 打印技术有着不同的要求。

　　首先，最重要的是原材料问题。普通服装的原材料多为天然纤维和化纤纤维，通过梭织或针织工艺制成面料，再缝制成最终的服装。这一传统工艺显然同 3D 打印的工艺流程不同，因而必须先从基础入手，研发需要的化学纤维新材料，使其既能满足 3D 打印耗材的溶解、成形等要求，又能调配适当的颜色，以及达到纺织品的相关标准，适合人体穿着。

　　其次，需要改进打印设备，要适应服装原材料的柔性特点，并能够轻易地大面积喷制出均匀轻薄型材质。要使打印的服装能够达到穿着的要求，还需研究对打印制品的后整理技术，以及一系列与之配套的技术。

　　总而言之，能否大范围推广 3D 打印服装，关键在于这些技术未来发展所能达到的程度。如果要达到实用化的目标，既需要服装生产企业、材料和设备研究部门共同协作，以解决化纤材料、专用打印设备等难题，又需要结合服装工艺专家和设计专家，并以此带动相关配套产业的发展。

　　如果完全从市场角度来分析 3D 服装的前景，可以看到社会对服装的社会化制造和个性化生产是具有内在需求的，可以说 3D 打印服装的市场前景是较为乐观、潜力巨大的。而从产品供应方面分析，服装制造业近年来也一直致力于整个产业的转型升级，许多高新技术都被普遍应用，包括 3D 人体测量技术、大规模定制技术、敏捷制造技术、一次成形技术等都已初见成效，并形成了一定的用户基础。与此同时，3D 打印机制造业在国内也越来越受到重视，3D 打印技术产业联盟为各项行业应用提供了技术基础。

当关键技术问题有望解决之后，我们可以稍对 3D 打印的商业模式进行思考。例如，可以采用门店经营的方式，为有需要的客户提供一对一的服务。或者借鉴 SAAS 模式，在网上租赁，其方式更灵活、更广泛。若以上方式能推广，那么将是现代服务业的理想形式。但按照前面的分析，3D 打印技术在服装业的广泛应用还尚需时日。而即便到了那个时候，其单件小批量、个性化及网络化的生产模式，也决定了与规模化服装制造将最可能构成一种相辅相成、相互补充的关系，而并不太可能是替代的关系。

2. 阿迪达斯量产 3D 打印运动鞋

随着 3D 打印技术的发展，3D 打印已慢慢融入到人们的生活中。我们在越来越多的领域、越来越多的产品上发现了 3D 打印的踪迹，下面介绍一家大公司推出的 3D 打印精品。

在各大运动品牌的 3D 打印技术竞赛中，阿迪达斯是跑在最前面的那一个。

阿迪达斯一直痴迷于帮助运动员有所作为，图 1-35 是该品牌在 2017 年推出的 Futurecraft 4D 运动鞋，这是世界上第一双通过数字光合成技术制造的鞋。Futurecraft 4D 见证了阿迪达斯品牌的新旅程。阿迪达斯通过探索新的技术，确定面向未来设计的制造工艺，为每一个运动员提供最好的产品。这项制造工艺是与 Carbon 公司合作的，双方正式开启规模定制化运动鞋的跨时代篇章。

图 1-35　阿迪达斯批量生产的 3D 打印运动鞋——Futurecraft 4D

Futurecraft 4D 的中底设计脱胎于阿迪达斯 2017 年关于运动数据的收集与分析，并通过开拓数字化鞋类的生产过程，消除了传统成形的模具制造过程，并创造了人体力学的现实功能。

数字光合技术与阿迪达斯的战略结合是一个突破性的进程，Carbon 公司通过使用数字光投影、透氧光学和可编程液态树脂产生高性能、耐用的塑料产品。Futurecraft 4D 通过数字光合技术允许阿迪达斯精确地解决每个运动员的运动需求，耐缓冲、稳定性和舒适性完美结合。这不仅仅是满足定制化需求，Carbon 的 EPU40 材料的耐用性和弹性反应使得运动鞋更加耐用和舒适。

数字光合技术催生了规模定制化的可行性。以前，阿迪达斯制造单个鞋的中底需要 90 分钟，而通过 Carbon 的数字光合技术，则只需要 20 分钟左右。Carbon 的创始人兼首席执行官 Joseph De Simone 博士说："技术的影响将改善几乎生活中的每一个方面，以往我们生活中，一个传统制造过程遵循的四个步骤：设计、原型、模具、生产。Carbon 改变了这一点，我们打破了这样的步骤，使得直接从设计到生产成为可能。我们允许工程师和设计师创造以前不可能的设计，并帮助企业发展他们的个性化产品。"

3D 打印鞋底的设计有一些特殊的学问，这也是 3D 打印鞋底有别于传统鞋底之处。在设计 3D 打印鞋底时除了要让鞋底的外形美观、尺寸合脚之外，还需要研究脚踩在地板上的时候对鞋底产生的压力与跳起来时产生的压力有哪些区别。由于人的脚是处在不断的运动中的，对鞋底的压力也在不断变化，是否在压力密集的鞋底部位加大鞋底组织的密度等是 3D 打印鞋底设计中需要考虑的问题。

Carbon 之所以能取得与阿迪达斯的合作，主要是因为 Carbon 解决了一系列 3D 打印技术的痛点：生产速度和规模的矛盾，替代了 SLS(选择性激光烧结)技术表面质量差的特点，以及树脂光固化颜色和材料的限制。

3. 情人节巧克力

英国埃克塞特大学(University of Exeter)的研究人员展出过一款新奇的打印机——3D 巧克力打印机，该打印机可以根据使用者自身的喜好，制作各种外形的专属巧克力。目前该套设备已经商业化成功，并已经上市销售，但其售价却高达 2500 英镑(约 24 700 元人民币)。

3D 巧克力打印机的工作原理同普通喷墨打印机非常类似，在打印物体时需要经过扫描、分层加工和成形等步骤。它采用断层逆扫描过程，使用者可以根据目标物体的常规结构，分层扫描并打印出各个部分。也就是说，使用者可根据自身喜好，随意设计巧克力形状,并将其打印出来(见图 1-36)。

图 1-36 制作出的复杂形状的 3D 打印巧克力

这套 3D 打印机的发明者将其命名为 Choc Edge。

Choc Edge 的原型机虽然在 2011 年被推出,但由于实际运行中存在一些问题,因此没有公开发售。随后,研究人员对 Choc Edge 进行了许多的改进,并且对机器操作程序进行了简化,这样用户在上手操作的时候会更加方便。如今,用户只需融化一些巧克力,将其装进打印机的储存器中,就可以坐等自己的 3D 巧克力慢慢打印出来。

在已有的 3D 打印技术中我们都是通过连续地创建物理材料层来完成三维形状物体的打印制作的,目前这种技术多被应用于生产塑料、金属制品等领域,将其应用到制作 3D 巧克力尚属首次。研究者称,"这项发明的独特之处在于,用户可随意设计巧克力的形状,不管是孩子所喜欢的玩具形状,抑或者是好友的笑脸形状,Choc Edge 都可以办到。同时,考虑到我们使用巧克力作为原材料,在操作过程中就不会存在浪费现象,所有喷洒出来的巧克力都是可以食用的。"

这项发明在研究过程中也遇到了很多挑战,因为巧克力不同于塑料及金属材料,在输入和输出进行打印的时候,需要考虑巧克力的热度和黏稠度,并且要计算得十分准确。

英国工程和自然科学研究委员会(EPSRC)的行政总裁戴夫·德尔比(Dave Delpy)就表示："这项充满想象力十足的发明十分了不起。同时，这也是创造性研究能转化成商机的又一个很好的例证。"

4. 3D生物打印技术制造肉类

一家名为现代牧场(Modern Meadow)的美国公司，多年来一直致力于推进3D打印中的一个技术分支——3D生物打印技术(3D Bioprinting)。这项新技术不同于前面介绍的标准3D打印技术，但过程和标准3D打印技术一样，都是先融化再凝结。

现代牧场的3D打印机使用的材料是"生物墨水"。通俗地讲，要打印活的细胞，工程师就要先在动物身上进行活组织切片，采集到需要的干细胞。由于干细胞不仅可以生长为其他细胞，还能进行自我复制，所以，一旦它们复制生长了足够长的时间，工程师们就可以把它们装进用于打印的材料盒子里，创造出一种"生物墨水"。这种生物墨水由很多活的细胞组成，当用于打印时，这些活的细胞就可以连接在一起形成新的组织(如图1-37所示)。

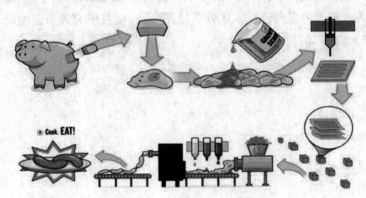

图1-37　人造肉的制造过程

生物打印过程类似于打印移植的人造器官。目前，现代牧场的研究人员已经使用3D生物技术制作出汉堡。虽然在技术上证明了肉类可以作为食物被3D打印出来(见图1-38)，但是现代牧场却面临着许多大的障碍，例如，如何说服人们改变已有的饮食习惯，而去吃实验室培养的牛肉。另外，一个重要的问题就是成本，现代牧场的一个汉堡或牛排的价格目前还是个天文数字。譬如，BBC报道的荷兰马斯特里赫特大学的研究人员通过培养动物的干细胞来制作人工肉，如果目标是做一个汉堡的量，那么这个过程中各种成本加起来，会使一个汉堡的价格高达30美元。

图 1-38 使用 3D 生物打印技术制造的肉

　　由此可见，3D 打印汉堡这个想法现在看起来还非常疯狂，但确有许多著名的投资人愿意为其前景而投资，比如 Facebook 的早期投资者 Peter Thiel，他便给现代牧场投资了 35 万美元。因为投资者考虑到该技术还处于早期阶段，而且研究人员已经成功证明了 3D 打印食物的"合成肉"的技术可行性。

第二章　FDM 桌面 3D 打印机的使用及维护

2.1　FDM 桌面 3D 打印机的技术原理

2.1.1　FDM 桌面 3D 打印机原理概述

熔融沉积(Fused Deposition Modeling，FDM)又叫熔丝沉积，主要采用丝状热熔性材料作为原料，通过加热融化，将液化后的原材料通过一个微细喷嘴的喷头挤喷出来。原材料被喷出后沉积在制作面板或者前一层已固化的材料上，温度低于熔点后开始固化，通过材料逐层堆积形成最终的成品。

1. 技术原理

根据叠层制造的思想，将原材料预先加工成特定口径的圆形线材(常见的有直径 1.75 mm 和 3 mm 两种规格)，然后将制作成线形的原材料通过送丝轴逐渐导入热流道，在热流道中对材料进行加热熔化处理。热流道的下方是喷头，喷头底部带有微细的喷嘴(一般直径为 0.1～0.5 mm)，通过后续丝材的挤压所形成的压力，将熔融状态下的液态材料挤喷出来，工作原理如图 2-1 所示。

由于工艺需要，在 3D 打印机工作前，一般需要先设定各层的间距、路径的宽度等基本信息，然后由切片引擎对三维模型进行切片，并生成打印路径。接着在上位机软件和打印机的控制下，打印喷头根据水平分层数据作 X 轴和 Y 轴的平面运动，Z 轴方向的垂直移动则由工作台配合完成。同时，丝材由送丝部件送至喷头，经过加热、融化，一般将加热温度设为原材料熔点之上几度，这样当材料从喷头挤出黏合到工作台面上时，便会快速冷却并凝固。这样打印出的材料迅速与前一个层面熔结在一起，当每一层截面完成后，工作台便下降一个层厚的高度，打印机接着再继续进行下一层的打印，一直重复这样的步骤，直至完成整个设计模型。

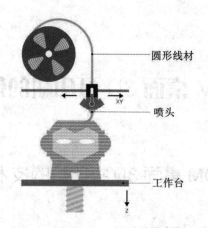

图 2-1 熔融沉积(FDM)打印技术原理示意图

FDM 工艺的关键是保持从喷嘴中喷出的、熔融状态下的原材料温度刚好在凝固点之上，通常控制在比凝固点高 1℃左右。如果温度太高，会导致打印模型的精度太低，模型变形等问题；但如果温度太低或不稳定，则容易导致喷头被堵住，打印失败。

目前，最常用的熔丝线材主要包括 ABS、PLA、人造橡胶、铸蜡和聚酯热塑性塑料等。FDM 成形过程如图 2-2 所示，每一层片都是在上一层上堆积而成的，上一层对当前层起到定位和支撑的作用。随着高度的增加，层片轮廓的面积和形状都会发生变化，当形状发生较大变化时，上层轮廓就不能给当前层提供充分的定位和支撑作用，这就需要一些辅助结构，即"支撑"结构。目前，采用 FDM 工艺的设备通常会使用两种材料：一种用于打印实体部分的成形材料；另一种用于沉积空腔或悬臂部分的支撑材料。

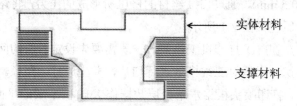

图 2-2 实体材料和支撑材料的剖面示意图

与其他 3D 打印技术相比，可供 FDM 打印的原材料选择范围较广，在进行模型实体材料选择时主要需要考虑以下因素：

(1) 黏度：如果黏度越低则阻力越小，有助于成形且不容易堵喷头。

(2) 熔点：熔点温度越接近常温，则打印功耗越小，且有利于提高机器机械寿命，减少热应力从而提高打印精度。

(3) **黏合性**：材料的黏合性将决定打印物品各层之间的连接强度。

(4) **收缩性**：材料的收缩性越小，则打印出的物品精度越有保证。

而对于支撑材料，FDM 工艺的要求主要有以下几个方面：

(1) 根据实体材料的不同，支撑材料需要能够相应地承受一定的高温。

(2) 支撑材料与实体材料之间不会浸润，以便于后处理。

(3) 同实体材料一样，需要较好的流动性。

(4) 最好具有水溶性或酸溶性等特点。

(5) 较低的熔融温度为宜。

2. 工艺流程

熔融沉积(FDM)技术工艺流程如图 2-3 所示，下面将详细介绍具体流程。

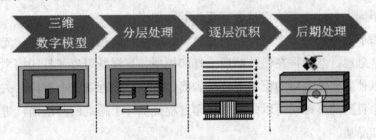

图 2-3　熔融沉积(FDM)技术工艺流程图

1) 获得三维数字模型

3D 打印是以数字模型为基础的，想使用 3D 打印技术就必须获得三维数字模型。目前，获得数字模型的方式有很多种，比如通过互联网下载数字模型、通过逆向工程重塑模型、设计人员使用软件绘制模型等。通常三维数字模型都是设计人员根据产品的要求，通过计算机辅助设计软件绘制出的。在设计时常用到的设计软件主要有 Pro/Engineering、Solidworks、MDT、AutoCAD、UG 等。

一般设计好的模型表面上会存在许多不规则的曲面，在进行打印之前，使用者必须对模型上这些曲面进行近似拟合处理。目前最通用的方法是将数字建模转换为 STL 格式进行保存，STL 格式是美国 3D System 公司针对 3D 打印设备设计的一种文件格式。通过使用一系列相连的小三角平面来拟合曲面，从而得到可以快速打印的三维近似模型文件。大部分常见的 CAD 设计软件都具备导出 STL 文件的功能，如 Pro/Engineering、Solidworks、MDT、AutoCAD、UG 等。

2) 进行切片分层处理

使用切片软件进行切片分层处理，必要时需添加支撑。由于 3D 打印都是先对模型进行分解，然后逐层按照层截面进行制造，最后循环累加而成的，因此必须先将 STL 格式的三维模型进行切片，转化为 3D 打印设备可处理的层片模型。目前市场上常见的各种 3D 打印设备都自带切片处理软件，在完成基本的参数设置后，软件能够自动计算出模型的截面信息。

3) 进行打印制作

根据前面的介绍，可以想象在打印一些大跨度结构时，系统必须对产品添加支撑部件。否则，当上层截面相比下层截面急剧放大时，后打印的上层截面会有部分出现悬浮(或悬空)情况，从而导致截面发生部分塌陷或变形，将严重影响打印模型的成形精度。所以最终打印完成的模型一般包括支撑部分和实体部分两个方面，而切片软件会根据待打印模型的外形不同，自动计算决定是否需要为其添加支撑。

同时，添加支撑的另一个重要目的是建立基础层。即在正式打印前，先在工作平台上打印一个基础层，然后再在该基础层上打印模型，这样既可以使打印模型的底层更加平整，还可以使制作完成后的模型更容易剥离。所以，进行 FDM 打印的关键一步是制作支撑，一个良好的基础层可以为整个打印过程提供一个精准的基准面，进而保证打印模型的精度和品质。

4) 支撑剥离、表面打磨等后处理

对于利用 FDM 制作的模型而言，其后处理工作主要是对模型的支撑进行剥离、外表面进行打磨等处理。首先需要去除实体模型的支撑部分，然后对实体模型的外表面进行打磨处理，以使最终模型的精度、表面粗糙度等达到要求。

但根据实际制作经验来看，FDM 技术生产的模型在复杂和细微结构上的支撑很难在不影响模型的情况下完全去除，很容易出现损坏原型表面的情况，对模型表面的品质也会有不小的影响。针对这样的问题，3D 打印界巨头 Stratasys 公司在 1999 年开发了一种水溶性支撑材料，通过溶液对打印后的模型进行冲洗，将支撑材料进行溶解而不损坏实体模型，才得以有效地解决这个难题。

3. 技术特点

在不同技术的 3D 打印设备中，采用 FDM 技术制造的设备一般具有机械结构简单、设计容易等特点，并且制造成本、维护成本和材料成本在各项技术中也是最低的。因此，在目前出现的所有桌面级 3D 打印机中，使用的也都是该项技术。而在工业级的应用中，也存在大量采用 FDM 技术的设备，例如 Stratasys 公司的 Fortus 系列。

FDM 工艺的关键技术在于热熔喷头，需要对喷头温度进行稳定且精确地控制，使得原材料从喷头挤出时既能保持一定的强度，同时又具有良好的黏合性能。此外，供打印的原材料等也是十分重要的，其纯度、材质的均匀性等都会对最终的打印效果产生影响。

如前面所说，FDM 技术的一大优势在于制造简单、成本低廉。对于桌面级打印机来说，也就不会在出料部分增加控制部件，致使难以精确地控制出料形态和成形效果。同时，温度对于 FDM 成形效果影响也不大，而桌面级 FDM 3D 打印机通常都缺乏恒温设备，这导致基于 FDM 的桌面级 3D 打印机的成品精度常为 0.3～0.1 mm，只有少数高端机型能够支持 0.1 mm 以下的层厚，但是受温度影响，最终打印效果依然不够稳定。此外，大部分 FDM 机型在打印时，每层的边缘容易出现由于分层沉积而产生的"台阶效应"，导致很难达到所见即所得的 3D 打印效果，因而在对精度要求较高的情况下很少采用 FDM 设备。

概括来说，FDM 技术主要有以下几方面优点：

(1) 热熔挤压部件构造原理和操作都比较简单，维护操作比较方便，并且系统运行比较安全。

(2) 制造成本、维护成本都比较低，价格非常有竞争力。

(3) 有开源项目做支持，相关资料比较容易获得。

(4) 打印过程工序比较简单，工艺流程短，直接打印而不需要刮板等工序。

(5) 模型的复杂度不对打印过程产生影响，可用于制作具有复杂内腔、孔洞的物品。

(6) 打印过程中原材料不发生化学变化，并且打印后的物品翘曲变形相对较小。

(7) 原材料的利用率高，且材料保存寿命长。

(8) 打印制作的蜡制模型，可以同传统工艺相结合，直接用于熔模铸造。

但相比其他技术而言，FDM 技术也存在一些明显的缺点：

(1) 在成形件表面存在非常明显的台阶条纹，整体精度较低。

(2) 受材料和工艺限制，打印物品的受力强度低，打印特殊结构时必须添加支撑结构。

(3) 沿成形件 Z 轴方向的材料强度比较弱，并且不适合打印大型物品。

(4) 需按截面形状逐条进行打印，并且受惯性影响，喷头无法快速移动，致使打印过程速度较慢，打印时间较长。

2.1.2 FDM 桌面 3D 打印机典型设备介绍

供 FDM 打印的材料一般多为热塑性材料，如蜡、ABS、PC、尼龙等。标准打印材料一般以丝状线材提供，材料成本普遍较低，国产 ABS 或 PLA 每千克单价多在 100 元内。并且与其他使用粉末的液态材料的打印设备相比，丝材更加干净，更易于更换、保存，打印过程也不会形成粉末或液体污染。

市面上融通沉积式的 3D 打印机非常多，特别是面向普通消费者的桌面级打印机，几乎是 FDM 的天下。最为大家所熟知的像 MakerBot 公司的 Replicator 系列打印机、3D Systems 公司的 Cube 打印机、Ultimaker 公司的 Ultimaker^{2+} 打印机，都是采用 FDM 技术的入门级 3D 打印机(详细参数见表 2-1)。

表 2-1 典型 3D 打印机的技术参数对比

技术参数	MakerBot Replicator$^+$	3D Systems Cube Pro	Ultimaker^{2+}
打印尺寸	295 mm×195 mm×165 mm	275 mm×265 mm×240 mm	230 mm×225 mm×205 mm
产品尺寸	528 mm×441 mm×410 mm	578 mm×578 mm×591 mm	357 mm×342 mm×388 mm
最小层厚	0.1 mm	0.075 mm	0.02 mm
打印材料	PLA 塑料等	PLA 塑料、ABS 塑料、尼龙等	PLA 塑料、ABS 塑料等
喷头个数	单	单、双、三可选	单
打印环境	开放式	环境恒温可控，平台加热	开放式，平台加热
连接功能	全彩液晶显示器、U 盘、USB 线缆、网线、WiFi	彩色触控屏、U 盘、WiFi	单彩 OLED 显示屏、USB 线缆、SD 卡
其他特性	可弯曲打印平台、移动终端控制软件、内置摄像头	同时打印 3 个颜色	喷头一分钟内加热、快速更换喷嘴

1. MakerBot Replicator+

MakerBot 是一家来自美国布鲁克林的公司，成立于 2009 年，主要生产 3D 打印机等产品。自成立以来，已销售数以万计的 3D 打印机，曾把体验店开到了美国纽约，并组建了全球最大的 3D 打印图纸交流分享社区——Thingiverse。2014 年，MakerBot 被 3D 打印领域巨头 Stratasys 公司以 4.03 亿美元收购，从此 MakerBot 成为 Stratasys 的子公司并保持独立运营。

2014 年，Makerbot 公司在 CES 大会(国际电子消费展)上发布了第五代新产品，一共三款打印机，包括 MakerBot Replicator、MakerBot Replicator Mini 和 MakerBot Replicator Z18。

MakerBot Replicator+ (见图 2-4)是 MakerBot Replicator 的升级款，MakerBot 第五代产品无论是在硬件上还是在软件上比第四代都有了很大的改进。据 MakerBot 官方信息显示，MakerBot 3D 打印机目前已经形成了一个 MakerBot 3D 系统，这是 MakerBot 的一大飞跃，对整个 3D 行业内也将起到推动作用。

图 2-4 MakerBot 公司第五代 3D 打印机产品 Replicator+

作为 MakerBot 第五代产品，MakerBot Replicator+ 的优势主要体现在以下几个方面：

1) 智能喷头(MakerBot SMART EXTRUDER+)

官方称，MakerBot SMART EXTRUDER+ 这款智能喷头(如图2-5所示)配合 MakerBot PLA 耗材可以通过 160 000 小时以上的严格测试，同时这款智能喷头还具备更换简单、检测耗材是否进入喷头、能发送信息至 MakerBot Desktop 和 MakerBot Mobile(MakerBot 新推出的两款 APP 软件)等特点。

图 2-5 MakerBot Replicator+ 3D 打印机的智能喷头

2) 3.5 英寸全彩液晶显示器

新款 MakerBot Replicator+ 搭配了 3.5 英寸全彩液晶显示器，直观的 UI 界面，便捷的操作旋钮，可提供丰富的用户体验。通过全彩液晶显示器可以访问用户的模型库，预览 3D 模型文件。而且内置的工具可更方便地帮助用户设置和维护 3D 打印机。

3) 内置摄像头

通过打印机内置的高清摄像头即可以监控打印，方便将打印成果分享至 MakerBot Thingiverse 以及其他社区，又能实现打印机与 MakerBot Desktop 和 MakerBot Mobile 之间的连接；还能自动拍下打印出的物件的照片并把它们保存到云存储中。

4) 提供移动终端控制软件

MakerBot 目前能够形成一个 MakerBot 3D 系统不仅得益于硬件的更新，软件上的更新也意义非凡。通过免费易用的移动终端控制软件，不仅可以收到打印机发出的信息和提醒，还可实现对打印机的远程监控(配合内置的摄像头)。

5) 多种连接方式

值得一提的是，与其他厂商比，MakerBot Replicator+提供了更为丰富的连接方式，包括 U 盘、USB 线缆、网线、WiFi 等四种，这使得使用 3D 打印机更加便捷。

2. Cube Pro

图 2-6 所示是 3D Systems 公司生产的桌面级 Cube Pro3D 打印机，有单喷头、双喷头、三喷头三种类型可选。

图 2-6　3D Systems 公司的 Cube Pro 3D 打印机

Cube Pro 3D 打印机具有如下特点：

(1) 打印精度高，打印尺寸大。设置为高精度时，最小层高可达 0.075 mm，打印尺寸可达 275 mm × 265 mm × 240 mm。同等精度下，其他桌面级或消费级 3D 打印机很少能达到此程度。

(2) 三种颜色 + 三种材料 = 上千种选择。Cube Pro 有三种喷头可选，这就意味着此款 3D 打印机可同时打印三种颜色的耗材，使桌面 3D 打印机具有更强的表现力。同时，这款打印机除可打印 PLA 和 ABS 等二款常规材料外，还提供了第三种选择——尼龙。尼龙材料耐热性好、强度较高，可以作为功能件直接使用，也可以适应部分的二次加工，包括喷漆、打磨、黏合等。

(3) 可控的打印环境。温度恒定的打印环境可有效避免打印模型因遇冷而引起的翘曲和开裂，保证打印成功率和打印精度。Cube Pro 提供了可控的打印环境，系统会根据选择的材料自动匹配合适的温度，从而提高打印机的可靠性和打印精度。

(4) 更好的连接体验。在连接方面，Cube Pro 提供了彩色触摸屏，同时支持 U 盘和 WiFi 两种连接功能。

3. Ultimaker^{2+}

来自荷兰的三位年轻创客在 Utrecht 的 Fab Lab(全世界推动数字化制作的著名实验室之一)相遇后，便共同开创了 3D 打印机品牌 Ultimaker。目前，Ultimaker 旗下的 3D 打印机在消费级 3D 打印机市场占有较多份额，是 MakerBot 在欧洲的主要竞争对手。相比较 MakerBot，Ultimaker 具有更高的速度、更高的性价比，可打印更大的尺寸，同时还是一个开源的 3D 打印机。

Ultimaker 首次在 Botacon(机器人与近似机器人的创意聚会)大会上露面便受到了极大的好评。援引至《Make》杂志上的一句话："这是对 3D 打印机的一大改进!"和其他桌面 3D 打印机一样，Ultimaker 也是使用 ASB 塑料或 PLA 塑料来制作产品的，属于 FDM 型打印机。

但 Ultimaker 公司表示，如果使用由植物制作而成的 PLA 塑料来进行打印，速度更快，而且更加稳定。Ultimaker 和 Makerbot 的不同之处在于，Makerbot 是依靠平台的移动来进行打印的，而 Ultimaker 则依赖的是喷头的移动(当然这里指的是最初的几代 Makerbot，现在此类新设计已经被很多其他厂商吸收)。相比较，Ultimaker 的喷头更为精巧，且重量很轻。

Ultimaker^{2+}(见图 2-7)是 Ultimaker 公司在 2016 年的消费电子展上推出的最新机型。看名字就知道，这是 Ultimaker 公司当下的热门主力机型 Ultimaker2 的升级版。不过可不要小觑，尽管它们的名字只多了一个有点不起眼的加号，但是该公司宣称，与之前的产品相比，这两款新机器在技术上有几个重大改进，并增加了一些新的关键功能，使其获得了更快、更方便的 3D 打印体验。

图 2-7　Ultimaker 公司的 Ultimaker² 3D 打印机

这款打印机的主要特点，可以归纳为以下几点：

1) 可快速更换喷嘴

众所周知，喷嘴直径是 3D 打印机的重要参数，会影响打印机的打印精度和层片的最大极限。通常 3D 打印机只配有 0.4 mm 直径的喷嘴，想更换更小或更大直径的喷嘴并非一件容易的事。但瑞典科学家为 Ultimaker² 3D 打印机装备了一个 Olsson 模块，以便于其能够在几秒钟内更换新的喷嘴。使用这一模块使得 Ultimaker 用户能够飞速更换喷嘴，可以为其更精细的打印对象选择更小直径的喷嘴(低至 20 μm)，或者更大的(达 600 μm)。同时，Ultimaker 用户还可以针对硬度高的材料选择更硬、更耐磨的喷嘴，以增加其使用寿命。

2) 速度快，精准度高

Ultimaker² 拥有最快高达 300 mm/s 的打印速度和 0.02 mm 的薄层分辨率，是目前市场上 3D 打印机的领先水平。与其他 3D 打印机不同，Ultimaker 使用的是远端挤出装置——挤出电机安装在打印机的框架之上，打印机可以得到更好的稳定性以及更大的打印尺寸。而且 Ultimaker²⁺ 还装配了一个 35 W 的加热器盒，可以在一分钟内加热喷嘴，这同样有助于实现极快的打印速度。在 Ultimaker 官方网站上甚至还有喷头移动速度为 350 mm/s，挤出速度为 300 mm/s 的演示视频。

3) 空间利用率大

消费级 3D 打印机多被使用在工作或生活环境，所以打印机的空间利用率(打印体积比打印机自身体积)也备受人们关注。Ultimaker 打印机的空间利用率是业内公认的，其合理的设计增大了打印机的空间利用率。Ultimaker²⁺ 的外形尺寸为 357 mm × 342 mm × 388 mm，打印尺寸可达 230 mm × 225 mm × 205 mm。

2.2　FDM 桌面 3D 打印机的使用方法

2.2.1　设备简介

图 2-8 是浙江闪铸三维科技有限公司生产的 Guider Ⅱ桌面 3D 打印机，本节我们将以这款 3D 打印机为例向大家介绍 FDM 桌面 3D 打印机的使用方法。

图 2-8　浙江闪铸三维科技有限公司生产的 GuiderⅡ桌面 3D 打印机

Guider Ⅱ桌面 3D 打印机的技术参数如表 2-2 所示，这款打印机的打印尺寸可达 280 mm × 250 mm × 300 mm，较一般打印机大。封闭式打印环境、平台加热、断电续打、丝材检测、完成自动关机等功能保证了打印机长期工作的稳定性。值得一提的是，浙江闪铸三维科技有限公司推出的打印软件 FlashPrint 也很有特色，软件包括支持树状支撑结构、手动增删支撑、打印精度补偿、模型切割等实用功能，是国内自主研发 3D 软件的佼佼者。

1. 技术参数

Guider Ⅱ 桌面 3D 打印机的技术参数见表 2-2。

表 2-2　浙江闪铸三维科技有限公司生产 Guider Ⅱ 桌面 3D 打印机的技术参数

打印机名称	Guider Ⅱ (引领者二代)
喷头个数	1
技术基础	熔丝沉积(FDM)
屏幕	5 英寸彩色 IPS 触摸屏
打印尺寸	280 mm × 250 mm × 300 mm
层厚	0.05～0.4 mm
打印精度	±0.2 mm
打印环境	封闭式，平台加热
定位精度	Z 轴 0.0025 mm；XY 轴 0.011 mm
耗材直径	1.75 mm(±0.07 mm)
喷头直径	0.4 mm
打印速度	10～200 mm/s
软件名称	FlashPrint、兼容 Simplify3D
支持格式	输入：3MF/STL/OBJ/FPP/BMP/PNG/JPG/JPEG 文件 输出：GX/G 文件
操作系统	Win XP/Vista/7/8/10、Mac OS、Linux
打印机尺寸	490 mm × 550 mm × 560 mm
净重	30 kg
输入参数	Input：100～240 V AC，47～63 Hz　功率：500 W
数据传输	USB、U 盘、WiFi、以太网、Polar 3D 云打印
特色功能	断电续打、丝材检测、完成自动关机

2. 设备视图

GuiderⅡ桌面 3D 打印设备视图详见图 2-9。

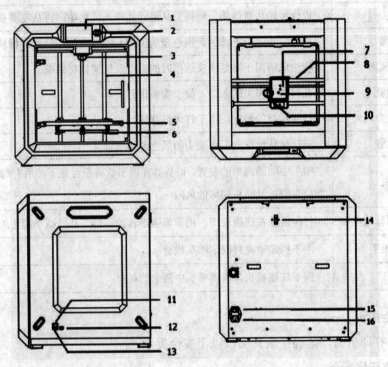

1—触摸屏；2—触摸屏开关；3—喷嘴；4—Z 轴导轨；5—打印平台；6—调平螺母；7—喷头；

8—X 轴导轨；9—进丝孔；10—进丝压板；11—以太网端口；12—USB 线端口；

13—U 盘端口；14—丝料检测器；15—电源开关；16—电源端口

图 2-9 GuiderⅡ桌面 3D 打印设备视图

3. 术语说明

GuiderⅡ桌面 3D 打印机术语说明详见表 2-3。

表 2-3 GuiderⅡ桌面 3D 打印机术语说明

打印平台	用于构建实体模型的部分
平台贴纸	闪铸打印贴纸能够粘贴在打印平台上，目的是能够让打印模型更好地粘贴在打印平台上。当平台贴纸开始影响打印效果的时候，请及时更换
打印体积	打印体积是指构建模型的长 × 宽 × 高。GuiderⅡ的最大打印体积为 280 mm × 250 mm × 300 mm。用户不能直接构建超过该参数的模型

调平螺母	平台支架下的三颗调平螺母用于调节打印平台和喷嘴的间距
喷头	内含齿轮传送结构，将耗材从进丝孔导入、加热，再从喷嘴挤出
喷嘴	构成喷头的最下部的黄铜色金属结构，经过喷头加热的耗材从该处挤出
喷头风扇	喷头风扇用于降低喷头运作时的温度及加速耗材的凝固
进丝孔	耗材进入喷头的入口，位于喷嘴顶部
丝盘盒	放置耗材的装置，位于打印机背部
导丝管	将耗材从丝盘盒引入喷头的黑色塑料细管
舵机	喷头中辅助调平的装置，请务必在调平前将平台底下的所有螺母旋紧，否则会有舵机及喷头损坏的风险
PVP 固体胶	打印前涂在底板表面，用于增强平台的黏性，从而减小翘边的几率
冲压扳手	用于拆卸喷嘴时固定喷头喉管
通针	用于疏通喷头，清理喷头中残余的耗材

4. 安全提示

在操作打印机前，请确保认真阅读以下安全提示。

1) 工作环境安全

(1) 请保证打印机的工作台面干净整洁。

(2) 请保证打印机工作时远离可燃性气体、液体及灰尘。(设备运行产生的高温有可能会与空气中的粉尘、液体、可燃性气体反应引发火灾)。

(3) 儿童及未经培训的人员请勿单独操作设备。

2) 用电操作安全

(1) 请务必将设备接地；切勿改装设备的插头。(未接地/未正确接地/改装插头必然会增加漏电风险)。

(2) 请勿将设备暴露在潮湿或烈日的环境中。(潮湿的环境会增加漏电的风险/暴晒会加速塑件老化)

(3) 请勿滥用电源线，务必使用闪铸科技提供的电源线。

(4) 切勿在雷雨天气使用设备。

(5) 如长时间不使用设备，请关闭设备并拔下电源线插头。

3) 个人操作安全

(1) 在设备运行时，请勿触碰喷头、平台等位置。

(2) 在打印完成时，请勿触碰喷头。

(3) 在操作设备时，请勿穿戴围巾、口罩、手套、珠宝装饰等容易卷入设备的物件。

(4) 请勿在饮酒、服药之后操作设备。

4) 设备使用提示

(1) 切勿长时间离开正在运行的设备。

(2) 请勿自行对该设备进行任何改装。

(3) 请在设备进丝操作时，使喷头和平台的距离至少保持 50 mm 的距离。(距离过近，有可能会造成喷头堵塞。)

(4) 请在通风的环境下操作设备。

(5) 请勿利用该设备进行违法犯罪的活动。

(6) 请勿利用该设备制作食物储存类产品。

(7) 请勿利用该设备制作电器类产品。

(8) 请勿将打印模型放入口腔。

(9) 请勿用蛮力卸下打印模型。

(10) 请勿使用长度大于 3 m 的网线连接本设备。

5) 设备运行环境要求

温度：室温 15 ℃～30 ℃为宜。

湿度：20%～70 %为宜。

6) 设备放置要求

设备需要放置于干燥通风的环境中。设备左侧、右侧以及后侧必须要留至少 20 cm 的距离，前侧必须要留至少 35 cm 的空间距离。

7) 设备兼容耗材要求

在使用该设备时，请使用闪铸提供或指定的耗材。市场上耗材鱼龙混杂，质量良莠不齐。质量低劣或不兼容的耗材很容易造成喷头堵塞及喷头损坏。

8) 耗材储存要求

除非需要使用耗材，否则请勿轻易将耗材拆封。拆封后请保持储存环境干燥，无尘。

2.2.2　设备硬件安装

本节将向大家介绍打印机硬件的安装，包括耗材安装、准备开机、进/退丝操作。这些是顺利完成打印的准备工作。

1. 耗材安装

首先，安装丝盘轴。取出丝盘轴，将其卡入设备背部的丝盘轴定位孔中，如图 2-10 所示。

图 2-10　丝盘轴安装示意图

注意：设备背部设有两个丝盘轴定位孔，任选其一将丝盘轴卡入即可。

然后，撕掉耗材包装，将其固定到丝盘轴上。

最后，取出一段丝材，将其穿过丝盘轴上方的黑色丝料检测接触开关组件，完成后的现场如图 2-11 所示。

图 2-11　耗材正确的安装方式

注意：请确保耗材按逆时针方向绕丝盘轴旋转出丝，避免打印过程中卡丝、断丝，导致打印失败。

2. 安装导丝管

为了能够使进丝流程更加稳定并保护设备的外观不受磨损，在进丝之前需要安装导丝管。

首先，取出导丝管，将丝盘盒引出的耗材穿过导丝管的一端，如图 2-12 左图所示。

然后，待耗材从另一端穿出后，将进丝端插入丝盘盒的导丝管插口中，如图 2-12 右图所示。

图 2-12　导丝管安装示意图

3. 准备开机

图 2-13 电源线接口位于设备背面，请将电源线一端连接机器上的插口，另一端连接插座。并将主板电源开关打开，即往右按"→"方向。

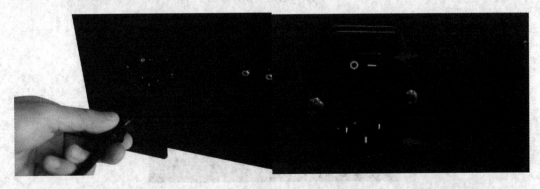

图 2-13　设备的电源接口及电源开关

4. 进、退丝操作

1) 进丝操作

首先，在触摸屏主界面(见图 2-14)上点击[工具]按钮。

图 2-14　触摸屏主界面

然后，如图 2-15 所示，选择[换丝]按钮，并在下一栏中选择[进丝]按钮。按以上步骤操作后，屏幕上将出现操作提示"开始进丝，请将丝料垂直插入，看到喷头有丝料挤出时请点击[完成]按钮"(见图 2-16)。

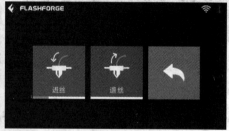

图 2-15　进/退丝操作步骤

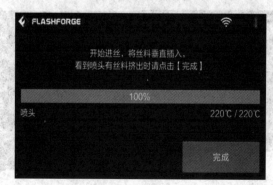

图 2-16　进丝操作提示

最后，将耗材垂直插入喷头进丝孔(见图 2-17)，切记勿用蛮力，当感到耗材往内的拉力，即可松开耗材。直到喷头稳定出丝，耗材沿直线挤出，请点击[完成]按钮停止进丝操作。

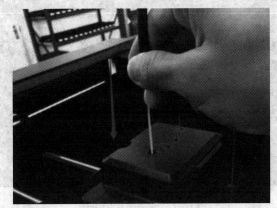

图 2-17　进丝操作示意图

注意： 在将耗材插入喷头前，要确保耗材前端无规则、整齐、无弯曲。

2) 退丝操作

在触摸屏上点击[工具]→[换丝]→[退丝]按钮后(如图 2-15 所示)，设备将开始对喷头进行加热，并出现操作加热进度条。

当加热进度条显示为 100%，即实际温度达到 220℃时，屏幕上将显示操作提示"开始退丝，按下压板，同时按压丝料 3 s 后垂直拔出"(如图 2-18 所示)。

图 2-18　退丝操作提示

此时，便可进行退丝操作。首先，先用左手向下按住左侧的进丝压片。然后，再用右手将耗材向下按压 3s。最后，快速、均匀、有力地将耗材向上拔出，并停止加温(如图 2-19 所示)。

图 2-19　退丝操作示意图

注意：请勿用蛮力将耗材拔出，否则会造成喷头堵塞。若耗材已在喷头内冷却则需重复上述步骤。

2.2.3　设备软件安装

本章主要介绍 FlashPrint 软件安装及基础功能，如需进一步了解 FlashPrint 软件的高级功能，请登录闪铸官网或参阅使用说明书获取相关功能介绍。

1. 软件安装

1) 软件获取

用户可以通过以下两种方式获取 FlashPrint 软件安装包：

(1) 将工具包中的 U 盘插入电脑，找到最新的软件安装包。

(2) 在浏览器中输入网址 www.sz3dp.com，进入闪铸中文官网，在首页中，将鼠标悬停在技术支持选项上并在下拉菜单中点击"下载中心"，选择您需要的软件版本并点击"Download"选项进行下载。

2) 软件安装启动

将压缩包解压缩或启动安装程序，然后按照提示完成安装。具体步骤如下：

(1) 左键双击相应版本的 FlashPrint 应用程序。

(2) 如图 2-20 所示，选择相应语言，随后点击[确定]按钮。

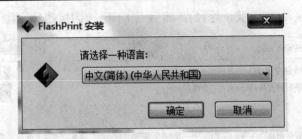

图 2-20 软件安装步骤(语言选择)

(3) 点击[下一步]按钮(见图 2-21)。

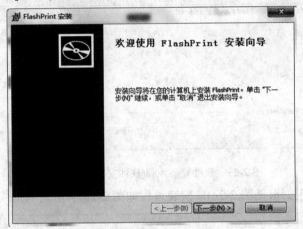

图 2-21 软件安装步骤(FlashPrint 安装向导)

(4) 选择[我接受许可协议中的条款]，随后点击[下一步]按钮(见图 2-22)。

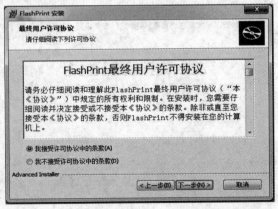

图 2-22 软件安装步骤(FlashPrint 最终用户许可协议)

(5) 选择安装途径(建议默认途径),随后点击[下一步]按钮(见图 2-23)。

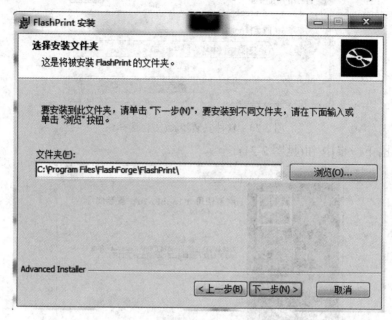

图 2-23　软件安装步骤(软件安装路径选择)

(6) 点击[安装]按钮(见图 2-24),安装过程如图 2-25 所示。

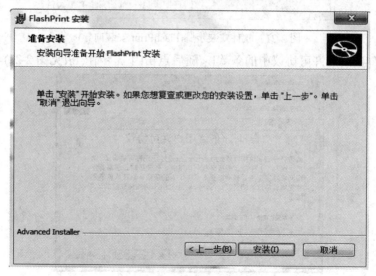

图 2-24　软件安装步骤(准备安装)

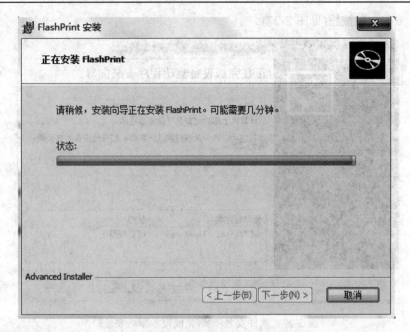

图 2-25 软件安装步骤(安装过程)

(7) 点击[下一步]按钮(见图 2-26)。

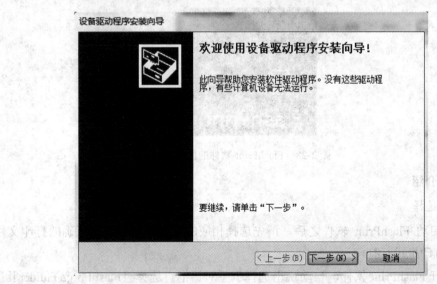

图 2-26 软件安装步骤(设备驱动安装向导)

(8) 点击[完成]按钮(见图 2-27)。

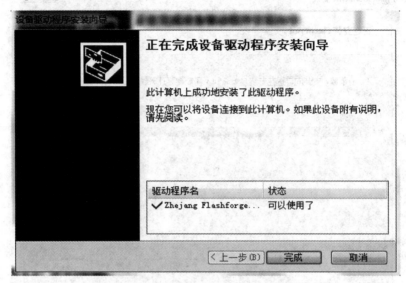

图 2-27　软件安装步骤(完成设备驱动安装)

3) 启动软件

使用桌面图标或开始菜单中的快捷方式启动软件，如图 2-28 所示。

图 2-28　FlashPrint 软件的图标

2. 软件介绍

1) 机型选择

注意！启动 FlashPrint 软件之后，请先选择相应的机型，以便输出正确的打印文件供相应 3D 打印机进行打印。

首次打开 FlashPrint 软件，自动跳出选择机型对话框。选择"FlashForge Guider II"并点击[确定]按钮完成机型选择，如图 2-29 所示。后续若需更换机型，点击软件菜单栏中的[打印]-[机器类型]选项，选择相应的机型即可。

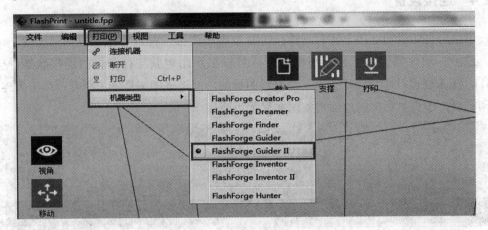

图 2-29 在 FlashPrint 软件中选择机型

2) 认识软件

FlashPrint 软件主页面如图 2-30 所示，由页面顶端的菜单工具、顶端居中部位和左端的图标工具、页面中心部位的建构平台等三部分组成。菜单工具包括文件、编辑、打印、视图、工具、帮助等几部分。图标工具包括载入、支撑、打印、视图、移动、旋转、缩放、切割等几部分。

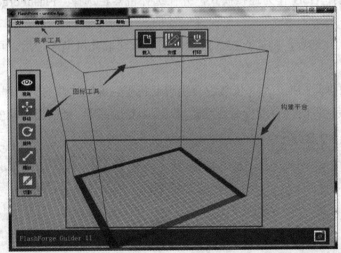

图 2-30 FlashPrint 软件的主界面

软件详细的使用说明请参阅 FlashPrint 使用说明书，本节将不再一一介绍。

2.2.4 连接设备

电脑与打印机的连接方式有三种：USB 数据线连接、WiFi 连接和以太网连接。

注意：软件界面右下角的小机器图标可以显示出电脑与打印机的连接状态(见图 2-31)。在未连接打印机的状态下，小机器图标的内部链条图案显示为断开；在正确连接打印机后，小机器图标的内部链条图案显示为连接。

图 2-31 电脑和打印机处于连接状态

1. USB 数据线连接

(1) 首先使用 USB 线连接打印机右侧的方形插口和电脑。

(2) 打开打印机和 FlashPrint 软件。

(3) 点击菜单栏中的[打印]→[连接]按钮，如图 2-32 所示，在弹出的连接机器对话框(见图 2-33)中选择 USB 作为连接模式，并在选择机器栏选择"FlashForge Guider II 3D Printer"选项。

如果未找到此选项，则需点击"重新扫描"来获取此机型选项后，再点击[连接]按钮连接打印机。

注意：如果重新扫描之后，依然没有出现此机型，说明软件的驱动程序没有安装(一般情况下在安装软件时会自动安装驱动)。若出现此类情况，则需要手动安装驱动。

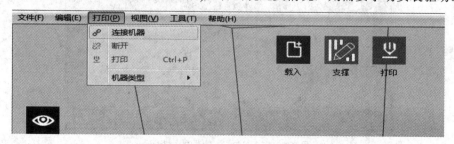

图 2-32 USB 方式连接 3D 打印机的步骤

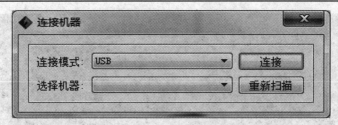

图 2-33　"连接机器"对话框

手动安装驱动方法如下：

(1) 打开软件的根目录(如 C:\Program Files(x86)\FlashForge\FlashPrint)。

(2) 打开根目录下的 driver 文件夹，找到对应电脑系统的驱动软件，点击安装即可。(其中有两个安装包：dpinst_amd64.exe 对应 64 位 Windows 系统，dpinst_x86.exe 对应 32 位 Windows 系统，请按照需要自行选择)。

2. WiFi 连接打印机

Guider II 可以通过 WLAN 网络连接和 WLAN 热点连接两种方式进行 WiFi 打印，在 WLAN 网络连接模式下，PC 机(即用户的电脑)和 Guider II 机器同时连上同一个路由器，通过路由器进行通信。用户的电脑可以通过这个路由器正常上网。在 WLAN 热点连接模式下，PC 机直接连接 Guider II 发出的 WiFi 信号，与 Guider II 进行通信。此模式下，用户的电脑无法通过 Guider II 的 WiFi 信号上网。一台机器只能建立一个连接，若机器已经与另一个无线网络建立连接，需等连接断开后才能再次建立新的连接。

1) WLAN 网络连接

(1) 启动 Guider II 打印机。

(2) 点击触摸屏主菜单中[工具]图标，然后点击[设置]图标，再点击[WLAN 网络]图标，继续点击[WiFi 开启]图标，打开 Guider II 的 WLAN 网络连接功能(见图 2-34)。

(a)　　　　　　　　　　　　(b)

(c)

图 2-34　打开 Guider Ⅱ 的 WLAN 网络连接功能

(3) 打印机成功连上 WiFi 信号以后，点击电脑右下角的无线网络图标，在无线网络列表中找到打印机所连接的无线网络，点击[连接]按钮来连接此信号(见图 2-35)。

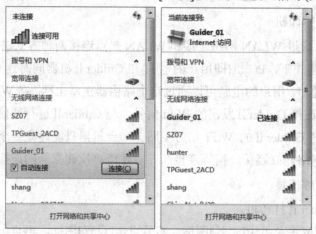

图 2-35　无线网络列表中找到打印机所连接的无线网络

(4) 连接成功后，点击软件菜单栏中[打印]→[连接机器]按钮，在弹出的对话框(见图 2-36)中[连接模式]项选择[WiFi]，IP 端口中输入 Guider Ⅱ 触摸屏上显示的 IP 地址(见图 2-37)，再点击[连接]按钮。

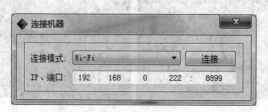

图 2-36　WiFi 连接机器对话框

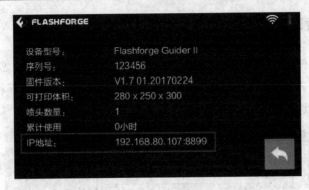

图 2-37　触摸屏上显示的 IP 地址

(5) 连接成功后，在软件右下方可以看到打印机状态，如图 2-31 所示。

2) WLAN 热点模式下 WiFi 连接

(1) Guider II WLAN 热点功能开启后，点击电脑右下角无线网络图标，并在无线网络列表中找到名为 Guider II 的无线网络(打印机默认网络，在未更改设置的情况下此网络密码为 12345678)，点击[连接]按钮来连接此信号。

(2) 连接成功后，点击软件菜单栏中[打印]-[连接机器]按钮，在跳出的对话框(见图 2-36)中连接模式设置成 WiFi，IP 端口中输入 Guider II 触摸屏上显示的 IP 地址(见图 2-37)，再点击[连接]按钮。

(3) 连接成功后，在软件右下方可以看到机器状态的图标(见图 2-31)。

3) 以太网连接

(1) 首先使用网线连接打印机右侧的插口和电脑。

(2) 打开打印机和 FlashPrint 软件。

(3) 点击菜单栏中的[打印]→[连接]按钮，在弹出的连接机器对话框(见图 2-33)中选择以太网作为连接模式，并在 IP 端口栏输入打印机界面显示的 IP 地址(见图 2-37)，再点击[连接]按钮。

(4) 连接成功后，在软件右下方可以看到机器状态的图标(见图 2-31)。

注意：WLAN 网络连接模式是否能设置成功和无线网络信号强弱有关系。一台机器只能建立一个连接，若机器已经被另一个软件进程占用，需等连接断开后才能再次建立连接。

点击软件菜单栏中的[打印]→[断开]按钮，断开电脑与打印机之间的 USB、WiFi 和以太网连接。

2.2.5 打印参数设置

将数字模型文件载入 FlashPrint 软件后，点击[打印]图标工具后，就会弹出打印参数设置对话框，如图 2-38 所示。打印参数设置包括两部分，即基本设置和高级设置。下面将为大家详细介绍这两部分的使用方法。

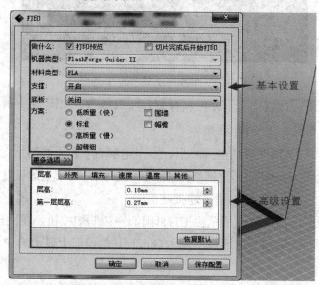

图 2-38　打印参数设置对话框

1. 基本设置

1) 打印预览

选择是否进入预览界面。若勾选此项，完成切片后，自动进入打印预览界面。在软件左侧，可以看到模型层数的滑动条，通过上下滑动可以控制模型的显示层数。在软件右上角可以看到模型的打印时间和耗材用料的估算，点击[打印]按钮，开始连接打印机；点击[返回]按钮，则返回到软件主界面。

2) 切片完成后开始打印

选择切片完成后是否立即启动打印。若勾选此项，则跳出连接机器对话框，请连接3D 打印机。

3) 材料类型

默认为 PLA 打印材料，在下拉菜单中还可以选择 ABS、导电 PLA、柔性耗材等。

4) 支撑

当需要打印悬空的模型时，就需要支撑来达到打印效果。点击支撑下拉按钮并选择开启。

5) 底板

设置是否打印底板，打印底板可以使模型更好地贴合在打印平台上。

6) 围墙

设置是否打印围墙。在打印双喷头模型时，另一个非工作状态的喷头仍会有少量挤出耗材，勾选此选项，可以起到清理耗材的作用。Guider Ⅱ是单喷头打印机，可忽略该功能。

7) 帽檐

设置是否启动帽檐。启用帽檐可以增加模型在平台上的稳定性，避免模型在打印过程中翻倒、倾倒。

8) 方案

有四种打印方案可选：低质量、标准、高质量、超精细。不同的方案已经设置好了各种不同的参数，高质量方案的成形效果更好，但速度更慢。低质量的方案则刚好相反。

注意： 当耗材为 ABS 时，无超精细方案。

9) 更多选项

点击此按钮弹出参数菜单，可以对层高、填充、速度、温度等参数进行设置。不同的方案对这些参数有不同的默认值。点击[恢复默认]按钮，会使得各参数恢复默认值。

2. 高级设置

1) 层高

(1) 层高。层高是打印中每一层模型的厚度。数值越小，模型文件表面越细腻。

(2) 第一层层高。它是模型文件第一层的层厚，这将影响到模型与打印平台的黏合度，最大厚度为 0.4 mm。一般情况下，建议用户使用默认的层厚参数即可。

2) 外壳

(1) 外周壳数量。控制每层模型外壳部分的打印圈数，最大数量为 10。

(2) 封顶层数。控制模型封顶的层数，最大层数为 10，最小为 1。

(3) 封底层数。控制模型封底的层数，最大层数为 10，最小为 1。

3) 填充

(1) 填充密度。等同于填充率，表示模型的实心程度。

(2) 填充形状。模型内部填充部分的形状。不同的填充形状可能会影响到打印时间。

(3) 合并填充。根据层高的设置，可选择合并填充层数，合并填充高度不超过 0.4。每 N 层是包括所有的填充。每 N 层稀疏填充是只针对稀疏填充的层，对于大多数模型缩短了打印时间。

4) 速度

(1) 打印速度。打印中喷头的移动速度。较慢的速度会获得相对更高的精度，也会获得相对细腻的模型表面。

(2) 空走速度。控制打印过程中喷头不出丝时的移动速度。

注意：建议将打印速度设置为 60，空走速度设置为 80。不同模型会有不同的参数设置，需要多次尝试来找到最适合的参数。

5) 温度

(1) 喷头温度。建议喷头温度设置为 220℃。

(2) 平台温度。PLA 建议设置为 50℃，ABS 建议设置为 100℃。

注意：不同的温度会对打印成形效果产生细微影响，想要获得更好的打印效果，需要用户根据自身情况进行调整。

6) 其他

(1) 冷却风扇控制。控制冷却风扇的打开时间。

(2) 打印到一定高度后暂停。通过此按钮，用户可以在打印中途暂停打印，然后从暂停处继续打印。如果用户想中途更改耗材的颜色，可以使用暂停功能。点击[编辑]按钮，可以进行高度的添加或删除(见图 2-39)。

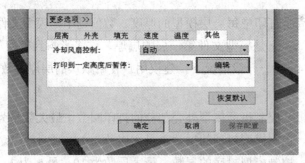

图 2-39　打印到一定高度后暂停功能

注意：在未进行初始编辑之前，红色方框的下拉菜单无效；只有进行初始编辑之后，下拉菜单方可使用。

2.2.6　打印方式

使用 FlashPrint 生成 Gcode 文件之后，我们就可以将模型文件导入到设备中进行打印。总共有四种打印方式可选，分别是从 U 盘打印、USB 数据线传输打印、WiFi 连接打印以及以太网连接打印。

1. 从 U 盘打印

(1) 将 U 盘插入到电脑中。

(2) 把已保存的.g 或.gx 格式的 Gcode 文件拷贝至 U 盘中。

(3) 取出 U 盘，并插入到机器 U 盘端口。

(4) 启动 GuiderⅡ打印机，确保打印平台已调平，耗材进丝操作已完成。

(5) 在图 2-40 中，点击触摸屏主菜单中的[打印]图标，然后选择中间的[U 盘]图标，出现打印文件列表，上下翻页，点击选择所需要打印的文件。进入文件打印界面，点击[打印]图标后，打印机会自动将该文件从 U 盘复制到打印机内置存储卡里，复制完成后进入预热模式，此时，用户可以拔出 U 盘。

图 2-40　从 U 盘打印的流程

（6）预热完成后即开始打印。

2. USB 数据线连接打印

（1）用 USB 数据线连接 GuiderⅡ和电脑。

（2）启动 GuiderⅡ打印机，确保打印平台已经调平，耗材进丝操作已经完成。

（3）确定电脑和打印机已通过 USB 数据线连接成功，具体连接方法详见 2.2.4 节。

（4）如图 2-41 所示，在 FlashPrint 软件中，如果看到模型预览界面，点击右上角的[打印]图标，生成的 Gcode 文件就会自动上传至机器端。

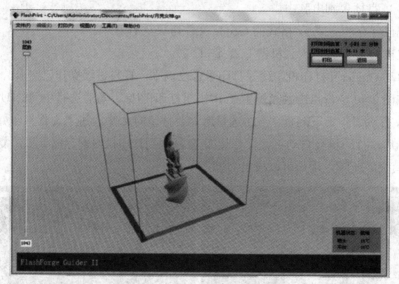

图 2-41　USB 数据线连接打印

（5）文件传输完成后，设备在预热完成后开始打印。

如用户需要从文件夹中打印 Gcode 文件，只需要在 USB 线连接的前提下用 FlashPrint 打开模型文件，点击软件右上角的[打印]按钮即可开始打印。

3. WiFi 连接打印

（1）启动 GuiderⅡ打印机，确保打印平台已调平，已完成耗材进丝操作。

（2）WiFi 连接成功后(具体连接方法详见 2.2.4 节)，在 FlashPrint 软件中，如果已经生成 Gcode 文件，并看到模型预览界面，点击右上角的[打印]图标。生成的 Gcode 文件就会自动上传至机器端。

（3）文件传输完成后，设备在预热完成后开始打印。

4. 以太网连接打印

(1) 使用网线连接打印机右侧的插口和电脑。

(2) 启动 Guider Ⅱ 打印机，确保打印平台已调平，已完成耗材进丝操作。

(3) 以太网连接成功后(具体连接方法详见 2.2.4 节)，在 FlashPrint 软件中，如果已经生成 Gcode 文件，并看到模型预览界面，点击右上角的[打印]图标，生成的 Gcode 文件就会自动上传至机器端。

(4) 文件传输完成后，设备在预热完成后开始打印。

5. Polar 云连接打印

1) 注册 Polar 云账号

(1) 用 PC 机注册 Polar 云登录账号，网址为 https://pc2.polar3d.com/login。

(2) 创建完成之后进入 Polar 云主页，点击右上角的图标(图 2-42 红色圆圈标记的地方)，再点击[settings]按钮，页面拉到最后查看 PIN Code。

图 2-42　Polar 云打印网站界面

2) 设置打印机

(1) 将打印机连接上 WiFi 或网线，确保打印机已联网。

(2) 点击打印机触摸屏上的[工具]→[设置]→[Polar 云连接]按钮。

(3) 把上步注册完成的 Polar 云账号 Name 和获得的 PIN Code 输入其中，点击[保存]按钮。

3) 使用 Polar 云打印

(1) 用 PC 机打开 Polar 云网站，回到主界面点击左上角的图标，选择[OBJECTS]按钮。

(2) 之后进入下面的界面(见图 2-42)，选择一个想要打印的模型，点击页面上的[3D PRINT]→[PRINT] →[START]按钮，打印机就会开始自动下载打印文件。下载成功后，就可以在个人电脑和打印机间进行交互操作。

2.3 FDM 桌面 3D 打印机的维护

2.3.1 更新固件

像智能手机一样,3D 打印机厂商也经常会更新固件，从而修复 bug 提高打印机性能。每次启动 FlashPrint 软件时，都会自动检测并下载可更新的打印机固件。如果有新的可用的固件，则提示用户更新固件。Guider II 更新固件的方法如下：

步骤 1：点击菜单栏中的[工具]→[更新固件]按钮。因为更新固件前需先断开连接，若此时软件已经和打印机建立连接则提示是否断开机器连接，选择[是]按钮继续下一步。提示：请勿断开打印机和电脑之间的 USB 连接，仅断开软件中的连接。

步骤 2：在图 2-43 所示的"更新固件"对话框中，选择相应的机器类型和固件版本并点击[确定]按钮。确认打印机处于空闲状态(不执行任何操作)后，软件会自动为打印机更新固件。

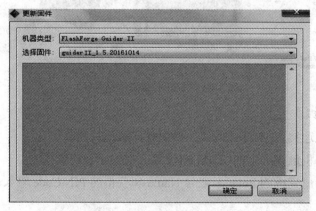

图 2-43 "更新固件"对话框

步骤 3：重启打印机，注意：设备背面主板开关也要关闭再打开。设备重启后，等待 4～5 s 会出现更新进度条。更新进度条加载完成后会自动跳转到工作界面。

步骤 4：点击打印机[工具]→[关于]按钮，查看相应的固件版本更新是否正确。

2.3.2　控制面板

在维护 3D 打印机时，我们经常会使用到控制面板，来控制或检查打印机的硬件。在电脑与打印机已连接的状态下，点击菜单栏中的[工具]→[控制面板]按钮，就会出现控制面板页面，控制面板可以分为六个模块(见图 2-44)，下面将详细介绍。

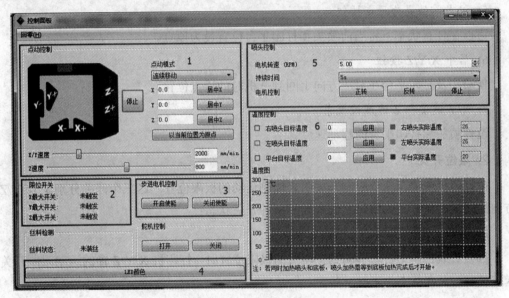

图 2-44　"控制面板"页面

1. 点动控制

1) 点动模式

通过点动模式可以选择喷头或者打印平台的单次移动距离，即单次点动操作中 XYZ 三轴的移动距离。

2) 左侧的六个蓝色方向按钮

这六个方向按钮分别对应 X、Y、Z 轴上的运动。其中，[X]、[Y]轴按钮用来控制喷头的水平位置，[Z]轴按钮用来控制打印平台的上下位置。按[X−] 按钮，喷头将向左移动一段指定的距离。按[X+] 按钮，喷头将向右移动一段指定的距离。按[Y−] 按钮，喷头将向打印机正面移动一段指定的距离。按[Y+] 按钮，喷头将向打印机背面移动一段指定的距离。按[Z−] 按钮，打印平台将向上方移动一段指定的距离。按[Z+] 按钮，打印平台将向下方移动一段指定的距离。这里指定的距离即是"点动模式"中设置的移动距离。

3) 停止按钮

[停止]按钮可以中止当前的移动操作。

4) XYZ 坐标框

右侧的 XYZ 坐标框显示喷头和平台从默认位置移动的距离。

5) 以当前位置为原点按钮

可以在任意状态下将当前喷头和打印平台位置设为原点。

6) 居中 X/Y/Z 按钮

使喷头及打印平台在对应方向上回到开机时的原点位置。

7) X/Y 速度和 Z 速度设置条

设置喷头和打印平台的移动速度。

2. 限位开关

在打印机内部有三个限制开关用来控制运动的极限位置。这三个开关分别是 X/Y/Z 方向的最大限制开关，同时它们有如下两种开关状态：

1) 未触发状态

当喷头或打印平台未移动到打印机的极限位置时，打印机 X/Y/Z 轴的运动限制开关未被触发，开关状态为未触发状态。

2) 触发状态

当喷头或打印平台已移动到打印机的极限位置时，会触发打印 X/Y/Z 轴的最大开关，开关状态转变为触发状态。

3. 步进电机控制

点击[开启使能]按钮，电机进入锁紧状态，不能手动改变喷头或打印平台的位置。点击[关闭使能]按钮，允许手动改变喷头和打印平台的位置。

4. LED 颜色

LED 颜色按钮可以改变打印机内置灯条发光颜色。

5. 喷头控制

通过设置电机转速值，可以用来控制送丝轮的转动速度。通过设置持续时间值，可以用来控制电机转动的时间。一般建议用户选择持续时间为 30 s 的选项。点击[正转/反转]按钮来控制进丝和退丝。另外，如果需要停止进丝和退丝，那么可以点击[停止]按钮。

6. 喷头温度控制

在左侧框体内输入用户希望达到的温度，点击[应用]按钮，打印机会自动开始对喷头部位进行加热，右侧显示的是喷头部位当前的实际温度。开始加热后，下方的温度图标中的曲线会开始变化，表示喷头部位温度在变化。目标温度一般设置为 220℃，在实际温度未达到目标值之前，请勿使用正转/反转。

2.3.3　调平操作

保持打印平台和喷头的相对水平，可以提高打印质量、降低打印失败率。打印机长期使用可能会发生打印平台不平的情况，这时我们就需要进行调平操作。Guider II 调平操作上应用了三点智能调平系统，根据系统提示通过调节打印平台底部的调平螺母，即完成打印平台调平，具体方法如下：

(1) 点击触摸屏上的[工具]→[调平]图标(见图 2-45)，喷头和打印平台会进行初始化，待初始化完后，触摸屏会出现操作提示："确定已将 3 个螺母拧到最紧？"(见图 2-46)。这时我们需将打印平台底部的调平螺母拧到最紧。

图 2-45　调平操作流程

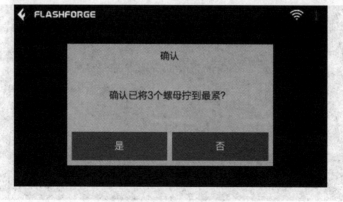

图 2-46　调平操作提示

注意：在打印平台的底部有三个弹簧承载的调平螺母。逆时针旋转拧紧螺母，打印平台和喷嘴间隙增大，反之则减小。

(2) 完成操作后，点击[是]按钮(见图 2-46)，喷头将开始移向第一个点，打印平台上下移动来验证喷嘴与平台之间的距离，触摸屏如图 2-47 所示。

图 2-47　验证喷嘴与平台的距离

(3) 若显示屏提示距离过大(见图 2-48)，根据指示顺时针调节平台下对应的螺母直至听到持续稳定的声音。随后，便出现验证提示，如图 2-49 所示，点击[验证]按钮检查此时喷嘴与平台间的距离是否合适。若距离过小，请逆时针调节平台下方对应的螺母直到听见持续稳定的提示声并再次出现[验证]按钮。点击此按钮检查此时喷嘴与平台间的距离是否合适。

图 2-48　调平操作距离过大的提示

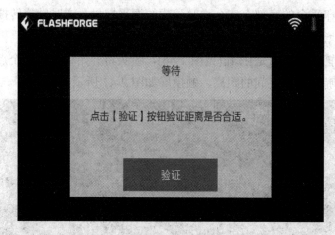

图 2-49　调平操作验证提示

(4) 若距离已合适，便会弹出"恭喜"对话框(见图 2-50)，请点击[确认]按钮开始下一个点的调平，若仍不合适，请按照提示继续调节螺母直到看见"恭喜"对话框。

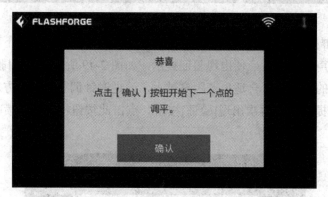

图 2-50　"恭喜"对话框

(5) 重复上述步骤(2)～(4)，完成步骤(2)和(3)的调平操作。完成步骤(3)后，会弹出"调平成功"对话框，点击[完成]按钮退出即可。

2.3.4　常见问题及解决办法

打印过程中的常见问题可概括为以下几种，其具体解决办法如下所述：

(1) 打印时，喷头左右抖动。

原因：

① X 轴电机线接触不良。

② X 轴小驱动板有问题。

解决办法：

① 重新连接 X 轴电机线，若不能解决，则更换 X 轴电机线。

② 更换 X 轴小驱动板。

(2) 进丝或者预热温度不上升。

原因：

① 检查下转接板上加热管端口脱焊。

② 加热管接口与加热管线没连接好。

解决办法：

① 对于有焊接经验的可以自行焊接，没有焊接经验的更换一块。

② 重新连接加热管接口与加热管线。

(3) 喷头电机正常转动，但喷头出丝断断续续。或者是电机正常转动，但喷头不出丝。新耗材也不能塞入和挤出。

原因：

① 使用非原装耗材，耗材有杂质，或者耗材内部有气泡。

② 耗材直径过粗，卡死在聚四氟管内。

③ 打印结束或换丝拔出耗材的时候，有部分耗材断裂在聚四氟管或喉管进丝口。

④ 重新装入耗材的时候，未剪断前段融化拉丝的部分，直接装入。

解决办法：

① 建议使用原厂耗材，打印结束后建议密闭保存。

② 测量丝料直径保证在 (1.75 ± 0.1) mm 内，不在要求范围内更换耗材。

③ 拆挤出机，疏通聚四氟管。

④ 更换耗材，保证耗材头段切口平整且无变形扭曲情况。

(4) 某个轴的电机不动。

解决办法：

① 先检查运动轴的运动方向上是否有卡死或其他情况。

② 把故障电机的驱动板和正常电机的驱动板交换一下，看原故障电机能否正常恢复。如果能，则是驱动板问题，请更换驱动板。如果仍无法恢复，请更换电机。

(5) 电机只能一个方向转动。

解决办法：

① 先按照故障 4 的方法处理，但不用更换电机。

② 检查对应的限位开关，拔掉限位开关的接头，看电机能不能恢复正常。

(6) 打印时，样品打印沿 X 轴发生偏移。

原因：

① X 轴同步带松了。

② 电机线接触不良或者损坏。

③ X 轴小驱动板损坏。

④ 打印速度过快。

注意：①和②两点是打印样品沿 X 轴逐渐偏移的原因；而③和④两点是沿 X 轴整段偏移的原因，如果是③、④两点原因，一般打印机还会伴有异响。

解决办法：

① 紧固同步带。

② 重新连接电机线，若无法解决，则更换电机线。

③ 更换驱动板。

④ 降低打印速度(建议：进给速度不大于 60 mm/s，空走速度不大于 80 mm/s)。

第三章　SLA 桌面 3D 打印机的使用及维护

3.1　SLA 桌面 3D 打印机的技术原理

3.1.1　SLA 桌面 3D 打印机原理概述

光固化成形(Stereo Lithography Appearance)也被称为立体光刻成形,属于快速成形技术中的一种,简称 SLA,有时也称 SL。该技术最早是由美国麻省理工学院的查克·赫尔(Chuck Hull)在 1986 年研制成功的。它是最早发展起来的快速成形技术,也是目前研究最深入、技术最成熟、应用最广泛的快速成形技术之一。

1. 技术原理

1) SLA 技术

SLA 打印机的工作原理如图 3-1 所示,在树脂槽中充满液态光敏树脂,它在激光器所发射的紫外激光束照射下,会快速固化。在计算机控制下,紫外激光部件按设计模型分层截面得到的数据,对液态光敏树脂表面逐点扫描照射,使被照射区域的光敏树脂薄层发生聚合反应而固化,从而形成一个薄层的固化打印操作。当完成一个截面的固化操作后,工作台沿 Z 轴上升一个层厚的高度。由于液体的流动特性,打印材料会在原先固化好的树脂表面层发生聚合反应而自动再形成一层新的液态树脂,因此照射部件便可以直接进行下一层的固化操作。

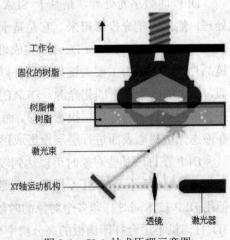

图 3-1　SLA 技术原理示意图

新固化的层将牢固地黏合在上一层固化好的部件上，循环重复照射、上升的操作，直到整个部件被打印完成。但打印完成后，还必须将原型从树脂中取出再次进行固化后处理，通过强光、电镀、喷漆或着色等处理得到需要的最终产品。

需要特别注意的是，因为一些光敏树脂材料的黏性非常高，使得在每层照射固化之后，液面都很难在短时间内迅速流平，这将会对打印模型的精度造成影响。因此，大部分 SLA 设备都配有刮刀部件，在打印台每次下降后都通过刮刀进行刮切操作，便可以将树脂十分均匀地涂敷在下一叠层上，这样经过光照固化后可以得到较高的精度，并使最终打印产品的表面更加光滑和平整。

SLA 技术的特点是精度高、表面质量好、原材料利用率几乎达到惊人的 100 %，能用于打印制作形状特别复杂、特别精细的零件，非常适合于小尺寸零部件的快速成形，但缺点是设备及打印原材料的价格都相对比较昂贵。

目前 SLA 技术主要集中用于制造模具、模型等，同时还可以在原料中通过加入其他成分，用于代替熔模精密铸造中的蜡模。虽然 SLA 技术，特别是基于其的些改进版本，例如 DLP(Digital Light Processing)技术等打印速度较快、精度较高，但由于打印材料必须基于光敏树脂，而光敏树脂在固化过程中又会不可避免地产生收缩，导致产生应力或引起形变，因此该技术当前推广的一大难点便是急需收缩小、固化快、强度高的光敏材料。

2) DLP 技术

DLP 即数字光处理，是基于 SLA 的改进技术。这种技术要先把影像信号经过数字处理，然后再把光投影出来。它是基于 TI(美国德州仪器)公司开发的数字微镜元件——DMD(Digital Micromirror Device)完成可视数字信息显示的技术。DLP 技术应用了数字微镜晶片(DMD)作为主要关键处理元件以实现数字光学处理过程，其基本原理与 SLA 相似，最大的区别在于固化光源。DLP 的固化光源为数字投影机，光源以面光的形式在液态光敏树脂表面进行层层投影成形。而 SLA 的固化光源为激光器，光源以点和线的形式在液态光敏树脂表面进行层层投影成形。

DLP 在打印某些对象时可以达到较快的打印时间，因为每次成形都是一层，所以速度相对快速。而不是像 SLA 用激光点照射成形，光线需要绕过所有路径。虽然速度更快，但用 DLP 技术同时打印多个对象的时候可能会影响对象的分辨率或是表面完整性。DLP 3D 打印机不适合打印满板的高分辨率部件。例如，DLP 打印机能够打印一个完好精细的戒指，并且比 SLA 打印机还要更快。然而，如要一次打印许多精细的戒指，就会需要一台 SLA 3D 打印机，才能够在整个打印区域中保持一致的高分辨率。

DLP 打印的分辨率取决于投影机，投影机决定了能够达到的像素。DLP 3D 打印机中的投影机必须聚焦到图像尺寸，以达到给定的 X-Y 分辨率。当需要小像素时，透过缩小整个图像来限制整个打印区域。也就是说，DLP 打印机只能对整个打印区域的一小部分进行精密打印，而大型模型只能透过低分辨率进行打印。激光 SLA 打印机的打印范围完全独立于打印对象的分辨率，即单个对象打印可以是打印区域内任何位置的任何大小和任何分辨率。而且，因为 DLP 使用矩形像素渲染图像，所以打印的模型普遍还存在着垂直基层感。

2. 工艺流程

光固化成形 SLA 技术的工艺流程一般可以分为前处理、原型制作、清理模型和固化处理四个阶段。

(1) 前处理。前处理阶段的主要内容是围绕打印模型的数据准备工作，具体包括对 CAD 设计模型进行数据转换、确定摆放方位、施加支撑和切片分层等步骤。

(2) 原型制作。在正式打印之前，SLA 设备一般都需要提前启动，一是这样使得光敏树脂原材料的温度可达到预设的合理温度，二是启动紫外激光器也需要一定的时间。

(3) 清理模型。这个阶段主要是擦掉多余的液态树脂，去除并修整原型的支撑，以及打磨逐层固化形成的台阶纹理。

(4) 固化处理。对于光固化成形的各种方法，普遍都需要进行后固化处理，例如通过紫外烘箱进行整体后固化处理等。

3. 技术特点

光固化成形技术的优势在于成形速度快、原型精度高，非常适合制作精度要求高、结构复杂的小尺寸工件。在使用光固化技术的工业级 3D 打印机领域，比较著名的企业有 Object 公司。该公司为 SLA 3D 打印机提供超过 100 种以上的感光材料，是目前支持材料最多的 3D 打印设备。同时，Object 系列打印机支持的最小层厚已达到 16 μm (0.016 mm)，在所有 3D 打印技术中 SLA 打印成品具备最高的精度、最好的表面光洁度等优势。但是光固化快速成形技术也有两个不足，首先是光敏树脂原料具有一定的毒性，操作人员在使用时必须具备防护措施。其次，光固化成形的成品在整体外观方面表现非常好，但是材料强度方面尚不能与真正的制成品相比，这在很大程度上限制了该技术的发展，使得其应用领域限制于原型设计验证方面，后续需要通过一系列处理工序才能将其转化为工业级产品。此外，SLA 技术的设备成本、维护成本和材料成本都远远高于 FDM 等技术。但随着桌面级 SLA 3D 打印机的出现，SLA 设备的成本已逐渐降低。

具体来讲，SLA 打印技术的优势主要有以下几个方面：

(1) SLA 技术出现时间早，经过多年的发展，技术成熟度高。

(2) 打印速度快，光敏反应过程便捷，产品生产周期短，且无需切削工具和模具。

(3) 打印精度高，可打印结构外形复杂或传统技术难以制作的原型和模具。

(4) 上位软件功能完善，可联机操作及远程控制，利于生产的自动化。

相比其他技术而言，SLA 技术的主要缺陷在于：

(1) SLA 设备普遍价格高昂，使用和维护成本很高。

(2) 需要对毒性液体进行精密操作，对工作环境要求苛刻。

(3) 受材料所限，可用的材料多为树脂类，这使得打印成品的强度、刚度及耐热性能都非常有限，并且不利于长时间保存。

(4) 核心技术被少数公司垄断，技术和市场潜力未能全部被挖掘。

3.1.2 SLA 桌面 3D 打印机典型设备介绍

目前，SLA 桌面 3D 打印机正迅猛发展，本节将向大家介绍较为流行的三款 SLA 桌面 3D 打印机，即 Form2、B9 Core 系列、MoonRay，具体技术参数详见表 3-1。

表 3-1　SLA 典型桌面 3D 打印机参数对比表

技术参数	Form2	B9 Core 530	MoonRay
打印尺寸/mm	145 × 145 × 175	57.6 × 32.4 × 127	128 × 80 × 200
光源特性	激光(405 nm)	LED 光机(405 nm)	LED 光机
最小层厚/mm	0.025	0.01	0.02
其他特点	自动进料、WiFi 远程监控、树脂温度控制	气味过滤系统、支撑第三方耗材、打印速度 40～120 mm/h	树脂温度控制、光机寿命 5 万小时

1. Form2

图 3-2 所示的是 Form2 3D 打印机，这款桌面 3D 打印机是全球知名的 3D 打印机生

产商美国 Formlabs，在 2015 年 9 月推出的第二代 SLA 桌面 3D 打印机(在这里将 Formlabs 公司之前推出的 Form1 和 Form1+ 视为同一种产品)。鉴于 Formlabs 公司之前的 Form1+ 3D 打印机在用户群中以其高品质的打印效果而声名远扬，因此市场对于这款新机器反应良好。

图 3-2　美国 Formlabs 公司生产的 Form2 3D 打印机

Form2 3D 打印机的构建体积技术是 Form1+的近两倍大，打印能力扩大了 40%，其最大 3D 打印尺寸达到 145 mm × 145 mm × 175 mm；Form2 使用了更强大的激光器(功率提升了 50%达到 250 mW)，从而可以实现更好的分辨率，其最小层厚为 25 μm。

此外，Form2 还使用了新的工艺以实现需要复杂细节的大部件的打印。同时它还配备了滑动剥离(sliding peel)机构、刮液器和加热的树脂罐，以及一个自动系统，该系统可以在打印过程中用新的墨盒填装树脂罐。

与此同时，Form2 上还搭载了最新版 Formlabs PreForm，实现了"一键打印"功能，简化了整个打印过程。另外，Form2 还提供了无线打印功能，用户可以通过移动平台、传统的 PC 或者平板电脑来管理 3D 打印过程。而全触摸屏显示器允许用户管理打印队列，以及检查机器的状态。

2. B9 Core 系列

美国北达科他州开发商 B9Creations 是广受欢迎和评价良好的树脂 3D 打印机 B9Creator 的生产者。2017 年 1 月，该公司推出了一个新的树脂 3D 打印机系列——B9 Core(见图 3-3)，其中包括 B9 Core 530 和 B9 Core 550，并宣称，要将新系列打造成"生产、速度和简单性方面的新行业领导者"。

图 3-3　美国北达科他州开发商 B9Creations 生产的 B9 Core 系列 3D 打印机

B9Creations 采用了专利 3D 打印技术和正在申请专利的 3D 打印技术，并且由一个工业级的 HD LED 光引擎驱动。这样的组合使得 B9 Core 系列机器的打印速度达到 100 mm/h 以上。

B9 Core 系列 3D 打印机具有极好的用户友好性，它们都有一个非常简单的触摸屏用户界面、一个更大的树脂桶、一系列连接选择(包括 WiFi、以太网和 USB)、一个更新和改进了的 3D 打印软件。该产品还降低了校准和调整的复杂性，从而减少了 3D 打印机的维护时间，简化了打印。此外，打印机的内置烟雾和气味过滤系统使得它们非常适合在办公室或其他生产环境中使用。

目前，B9 Core 系列 3D 打印机有两种不同型号，即 530 和 550，二者的主要区别在于构建体积和分辨率。B9 Core 530 的分辨率为 30 μm，构造体积为 57.6 mm × 32.4 mm × 127 mm；而 B9 Core 550 的分辨率高达 50 μm，构建体积为 96 mm × 54 mm × 127 mm。二者的打印速度也有所不同，B9 Core 530 的平均打印速度在每英寸 20～30 min 之间，非常适合进行定制生产。B9 Core 550 的构建体积更大，适用打印较大的模型，其打印速度在每英寸 40～60 min 之间。

B9Creations 提供了三种打印材料：一种是 B9R Emerald，是高细节度的熔模铸造的理想选择；还有一种是 B9R Yellow，用于高细节度的熔模铸造，燃烧后无残留；另一种是 B9R Black，是快速打印设计验证的理想选择。当然，B9 Core 系列打印机也可兼容其他第三方树脂，因此材料选择是非常广泛的。

3. MoonRay

图 3-4 所示的是浙江迅实科技有限公司生产的桌面 MoonRay 3D 打印机，具有打印面积大、精度高、价格低等优势。

图 3-4　浙江讯实科技有限公司的 MoonRay 3D 打印机

MoonRay 的固化光源是一个定制的 UV DLP 投影机，其设计寿命为 5 万小时，其最大打印尺寸为 128 mm × 80 mm × 200 mm，对于 DLP 3D 打印机来说，这个打印尺寸是相当大的。MoonRay 的打印分辨率为 100 μm，打印层厚可降低至 20 μm。

这款 3D 打印机的目标用户是人像设计师、工业设计师、医学研究领域的专业人士和珠宝商等，专门为各种专业级的应用提供精确的 3D 打印，力求打印后所需要的后处理最小。MoonRay 的优雅外观也使其非常适合放在桌面上使用。开发团队在进行产品设计时，力求使其成为最安静、最酷的 3D 打印机，其时尚的黑白配色也很方便与其他的桌面设备搭配，精细的做工使其能够经受时间的考验。

3.2　SLA桌面3D打印机的使用方法

3.2.1　设备简介

Hunter 3D 打印机(见图 3-5)是闪铸科技推出的全新 DLP 技术 3D 打印机，定位在珠宝设计、口腔医学等高精度打印需求行业，配置了自主知识产权的 1080P LED 光学引擎，50 000 小时使用寿命，拥有光强均匀度、灰度补偿、畸变校正等多项精密算法保障打印精度。在耗材方面，Hunter 支持包括通用耗材、生物相容耗材、可翻模耗材和高强度耗材在内的四款耗材，同时还兼容多种第三方耗材，给用户提供多种选择。在软件方面，Hunter 提供了珠宝专用支撑结构，同时内置多款耗材参数，简单易用。本节将以这款 3D 打印机为例，详细地为大家介绍 SLA 桌面 3D 打印机的使用方法。

图 3-5 浙江闪铸科技推出的 Hunter 3D 打印机

1. 技术参数

Hunter 3D 打印机的技术参数详见表 3-2。

表 3-2 Hunter 3D 打印机技术参数

打印机名称	Hunter(狩猎者)
技术基础	光固化 (DLP)
屏幕	3.5 英寸彩色 IPS 触摸屏
打印尺寸	120 mm × 67.5 mm × 150 mm
层厚	0.025～0.05 mm
打印精度	±0.05 mm
定位精度	1920 × 1080 像素
耗材类型	光敏树脂
打印速度	10 mm/h
软件名称	FlashPrint
支持格式	输入：3MF/STL/OBJ/FPP/BMP/PNG/JPG/JPEG 文件 输出 svg 文件
操作系统	Win xp/Vista/7/8/10、Mac OS、Linux
打印机尺寸	560 mm × 360 mm × 320 mm
净重	15 kg
毛重	22 kg
输入参数	输入：100～240 V AC，47～63 Hz　功率：65 W
数据传输	USB、U 盘、WiFi

2. 设备视图

Hunter 3D 打印机的设备视图详见图 3-6。

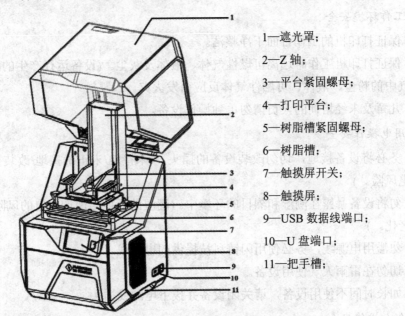

1—遮光罩；

2—Z 轴；

3—平台紧固螺母；

4—打印平台；

5—树脂槽紧固螺母；

6—树脂槽；

7—触摸屏开关；

8—触摸屏；

9—USB 数据线端口；

10—U 盘端口；

11—把手槽；

图 3-6　Hunter 3D 打印机设备视图

3. 术语说明

Hunter 3D 打印机术语说明详见表 3-3。

表 3-3　Hunter 3D 打印机术语说明

术话	说　明
打印平台	闪铸 Hunter 3D 打印设备用于构建实体模型的部分
打印体积	打印体积是指构建模型的长 × 宽 × 高。Hunter 的最大打印体积为 120 mm × 67.5 mm × 150 mm。用户不能直接构建超过该参数的模型
树脂槽	用于储存树脂溶液，实现打印模型的结构
Z 轴总成	Z 轴方向上位置变化的装置，可控制打印平台上下升降
遮光罩	可开合上罩，起到防尘防光的作用
机框底座	起到支撑整台打印机的作用，由钣金件加工，具有强度高，稳定性高的特点
光机	用于投影切片文件的光学设备，具有高清稳定的特性

4. 安全提示

使用打印机前，请确保认真阅读以下安全提示。

1) 工作环境安全

(1) 保证打印机的工作台面干净整洁。

(2) 保证打印机工作时远离可燃性气体、液体及灰尘。(设备运行产生的高温有可能会与空气中的粉尘、液体、可燃性气体反应引发火灾。)

(3) 儿童及未经培训的人员请勿单独操作设备。

2) 用电操作安全

(1) 务必将设备接地，切勿改装设备的插头。(未接地/未正确接地/改装插头必然会增加漏电风险。)

(2) 勿将设备暴露在潮湿和烈日的环境中。(潮湿的环境会增加漏电的风险/暴晒会加速塑件老化。)

(3) 勿滥用电源线，务必使用闪铸科技提供的电源线。

(4) 切勿在雷雨天气使用设备。

(5) 如长时间不使用设备，请关闭设备并拔下电源线插头。

3) 个人操作安全

(1) 勿用手直接触碰光敏树脂溶液。

(2) 在操作设备时，请带上橡胶手套和口罩。

(3) 请勿直视光机光源。

(4) 请勿在饮酒、服药之后操作设备。

4) 设备使用提示

(1) 切勿长时间离开正在运行的设备。

(2) 请勿自行对该设备进行任何改装。

(3) 请勿在强光环境下进行打印作业。

(4) 请在通风的环境下操作设备。

(5) 请勿利用该设备进行违法犯罪的活动。

(6) 请勿利用该设备制作食物储存类产品。

(7) 请勿利用该设备制作电器类产品。

(8) 请勿将打印模型放入口腔。

(9) 请勿用蛮力卸下打印模型。

5) 设备运行环境要求

温度：室温15℃～30℃为宜。

湿度：20%～70%为宜。

6) 设备放置要求

设备需要放置于干燥通风的环境中。设备的左侧、右侧以及后侧必须要留至少20 cm的距离，前侧必须要留至少35 cm的空间距离。

7) 设备兼容耗材要求

在使用该设备时，请使用闪铸提供或指定的耗材。质量低劣或不兼容的耗材很容易造成打印成功率低而影响使用体验。

8) 耗材储存要求

请将光敏树脂溶液存储在阴暗干燥的环境下，放置在儿童不可触及的位置，并保证瓶身标识面朝向醒目可视方向。

3.2.2　硬件安装

1. 准备开机

从配件盒中取出电源适配器，并连接电源线，如图3-7所示。将电源适配器的输出端插入位于打印机背后的电源输入端口，如图3-8箭头所示，连接电源，将开关向上拨动即可开启打印机。

图3-7　连接打印机的电源适配器

图3-8　打印机的电源输入端口

2. 准备树脂

取出一瓶光敏树脂，将环绕瓶盖的密封圈撕除，并打开瓶盖，可以看到一个橡胶的密闭塞，拉开密闭塞中间的拉环，解封溶液(如图 3-9 所示)。

图 3-9　开启光敏树脂瓶

注意： 在对光敏树脂溶液进行操作时，请佩戴橡胶手套，尽量避免溶液与皮肤直接接触。

解封溶液后就可以向树脂槽中倾倒溶液了，倾倒时需要缓慢地将溶液倒入树脂槽，大概倒满 1/3 处即可，切记不可过急、过满(不可满过 MAX 线)，防止溶液飞溅溢出(如图 3-10 所示)。倒完后将密闭塞重新塞封铝瓶并盖回盖子，保存在阴凉处，以便下次使用。

图 3-10　将光敏树脂导入树脂槽中

注意： 在倾倒溶液之前请确保树脂槽内洁净，底部表面无指纹、无灰尘，若不洁净则需用无尘布擦拭。

将溶液装到树脂槽后，便完成了打印前的准备工作。

3. 触摸屏简介

1) 打印菜单

打印菜单的具体使用说明如表 3-4 所示。

表 3-4　打印菜单使用说明

	(1) 打印：进入打印界面； (2) 设置：进入设置界面
	(1) 内部储存器：打印机内部的存储器，可将模型文件传输至内部存储器中存储打印； (2) USB 存储器：外接 U 盘设备，设备可识别插入 USB 接口的外接存储设备
	(1) 模型列表：可浏览存储在存储器中的模型，并可以点击选择模型进行打印； (2) 向上翻页； (3) 向下翻页； (4) 删除模型； (5) 返回到上一界面

续表

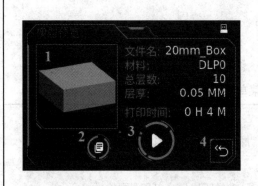	(1) 模型预览：可预览模型的三维效果，并显示文件名、材料、总层数、层厚和打印时间这些信息； (2) 复制：将该模型从一个存储器拷贝到另一个存储器； (3) 开始打印：点击开始打印该模型； (4) 返回到模型列表界面
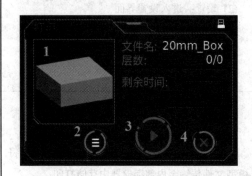	打印 (1) 打印模型信息：显示三维模型效果，并显示打印信息，如文件名、打印层数以及剩余打印时间； (2) 打印详情：点击进入打印详情界面； (3) 开始/暂停打印：点击开始/暂停打印； (4) 终止打印：弹出是否终止打印对话框
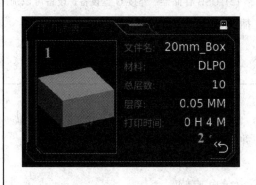	打印详情： (1) 打印详情：可预览三维模型，并显示文件名、材料、总层数、层厚和打印时间等信息； (2) 返回到打印界面

2) 设置菜单

菜单使用说明的具体设置方法如表 3-5 所示。

表3-5　设置菜单使用说明

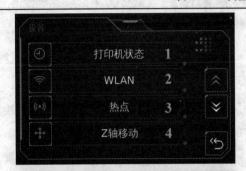

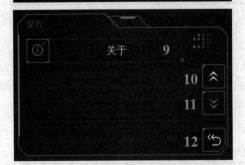

设置：

(1) 打印机状态：显示打印机的实时状态；

(2) WLAN：打开WiFi连接功能；

(3) 热点：打开热点功能；

(4) Z轴移动：通过触摸屏控制Z轴上下移动；

(5) Z轴补偿：补偿由于调平引起的Z轴细微移动，在±1 mm之内；

(6) 调焦：调节光机机头的焦距；

(7) 语言：选择触摸屏显示语言；

(8) 更新：查看版本更新信息；

(9) 关于：查看打印机基本信息；

(10) 向上翻页；

(11) 向下翻页；

(12) 返回到主界面

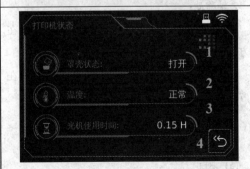

打印机状态：

(1) 罩壳状态：关闭/打开；

(2) 温度；

(3) 光机使用时间：显示光机累计工作的时间；

(4) 返回

 	WLAN： 　(1) WLAN ON/OFF：打开/关闭无线网络连接功能； 　(2) WiFi 热点列表：可点击选择 WiFi 热点进行连接； 　(3) 编辑输入：输入 WiFi 密码； 　(4) 完成； 　(5) 返回
	热点： 　(1) 热点 ON/OFF：打开/关闭热点； 　(2) 编辑输入：输入热点名称； 　(3) 编辑输入：输入热点密码； 　(4) 返回
	Z 轴移动： 　(1) 向上移动：使 Z 轴向上移动，移动距离在方框中显示； 　(2) 向下移动：使 Z 轴向下移动，移动距离在方框中显示； 　(3) 复位：使 Z 轴回到初始位置； 　(4) 零位：使 Z 轴回到零点位置； 　(5) 返回

3.2.3　软件安装

首次打开 FlashPrint 软件，自动跳出"选择机型"对话框。选择 FlashForge Hunter 并点击[确定]按钮完成机型选择。后续若需更换机型，点击软件菜单栏中的[打印]→[机器类型]按钮，选择相应的机型即可。软件安装的步骤及软件介绍，详细参阅 2.2.3 节设备软件安装。

3.2.4　打印参数设置

在 FlashPrint 软件中载入数字模型后，单击"打印"图标工具，便会弹出打印参数设置对话框，如图 3-11 所示。

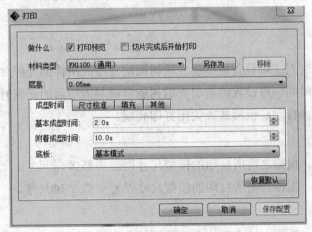

图 3-11　打印参数设置对话框

1. 基本设置

1) 打印预览

选择是否进入预览界面。若勾选此项，完成切片后，自动进入打印预览界面。在软件左侧，可以看到模型层数的滑动条，通过上下滑动可以控制模型的显示层数。在软件右上角可以看到模型的打印时间和耗材用料的估算，点击[打印]按钮，开始连接打印机；点击[返回]按钮，则返回到软件主界面。

2) 切片完成后开始打印

若勾选了"选择切片完成后是否立即启动打印"项，则跳出连接机器对话框，在此连接 3D 打印机。

3) 材料类型

可选择光敏树脂的类型。

4) 另存为

可以自定义耗材类型，并将该耗材记录在软件中，方便下次选择。

5) 移除

移除自定义的耗材类型。

6) 层高

设置打印时每层堆积的厚度，默认为 0.025 mm，也可选定为 0.05 mm。数值高则表示精度下降但打印速度快，数值低则表示精度高但打印时耗长。

2. 高级设置

1) 成形时间

(1) 基本成形时间。可设置模型层光敏树脂溶液凝固所需的光照时间。

(2) 附着成形时间。可设置附着层光敏树脂溶液凝固所需的光照时间。

(3) 底板。选择打印底板模式或关闭打印底板。

2) 尺寸校准

(1) X 轴校准。根据之前所打印的模型尺寸误差调整 X 轴尺寸。

(2) Y 轴校准。根据之前所打印的模型尺寸误差调整 Y 轴尺寸。

3) 填充

(1) 填充密度。等同于填充率，表示模型的实心程度。

(2) 外壳壁厚。设置外壳壁厚，最大值为 10 mm，最小值为 1 mm。

(3) 填充壁厚。设置填充壁厚，最大值为 5 mm。最小值为 0.5 mm。

4) 其他

光照强度：根据所用光敏树脂的光敏程度调节光照强度，使用闪铸标配的光敏树脂溶液无需调节，默认 100%。

3.2.5 打印方式

Hunter 打印机的打印方式有 USB 数据线连接打印、从 U 盘打印、WiFi 连接打印等三种，详细操作步骤请参照 2.2.6 节打印方式。

　　无论采取上述哪种打印方式，打印时请务必将防尘罩闭合，避免外界的灰尘和光照影响打印效果。在打印过程中，用户可以通过打印软件或触摸屏进行暂停打印和停止打印。

　　1) 暂停打印

通过使用暂停打印，用户可以在打印中途暂停打印，然后从暂停处继续打印。

　　2) 停止打印

停止运行打印机。一旦用户点击停止按钮，当前正在打印的所有模式都将被取消。一旦打印机停止运行，打印工作意味着无法进行恢复。

3.2.6　模型处理

　　打印完成后，我们需要将模型从打印平台上取下，具体步骤如下：

　　1. 取下打印平台

　　首先打开遮光罩，然后旋松将平台固定在平台支架上的螺丝，并沿着 U 形槽将打印平台取下(见图 3-12)。

图 3-12　取下打印平台

　　注意：因为有可能碰触到光敏树脂溶液，请全程佩戴橡胶手套进行操作。

　　2. 回收树脂

　　将平台以及模型上附着的光敏树脂溶液抖落到树脂槽中，以防止溶液飞溅到其他地方。另外，树脂槽内的光敏树脂仍可以继续使用，请勿倒掉。将溶液做防尘处理并放置在避光阴凉处保存即可。

3. 清洗模型和打印平台

在随机配送的清洗方盒中倒入无水乙醇，大约倒至 1/2 处，再将拆卸的打印平台连同模型一起浸泡在酒精中数分钟，使模型表面的树脂溶解到无水乙醇中。

注意： 请在清洗模型的时候戴上手套及口罩。

推荐可使用超声频率为 40 kHz 超声波清洗机提高清洗效率。

清洗步骤如下：

(1) 夹持模型在专用洗液或酒精中震荡(超声波清洗效果更佳)，并用毛笔或毛刷轻轻刷过模型表面，提高清洗效率。

(2) 用清水冲洗模型上残留的洗液或酒精。

(3) 吹干或晾干模型，触摸模型表面判断是否黏稠。

(4) 对于表面仍然黏稠的模型，可重复以上操作。

注意： 当模型较大、未完全浸没时，可在超声波消失一段时间后翻转模型清洗再次进行清洁。

4. 从打印平台上铲下模型

清洗完毕后，将打印平台放置在工作台上，模型朝上放置，并使用铲刀将模型从平台上剥离(见图 3-13)。当模型不易脱落时，可用重物敲击铲刀。

图 3-13 使用铲刀将模型从平台上剥离

注意： 由于金属铲刀较为锋利，请勿使用蛮力。

模型剥离后，请将打印平台安装回打印机，同时检查树脂盒树脂液内是否有固体碎片(特别是模型被打印坏时)，如有碎片需过滤盒内树脂液，并将树脂槽中的光敏树脂溶液以及清洗盒中酒精妥善保存，以便下次使用。

注意：切勿将使用过的光敏树脂溶液倒回原溶液瓶！若长时间不打印，请将溶液盒中剩余的光敏树脂倒入密闭的容器中，并做避光保存。若剩余溶液中有固化的模型掉入，需尽快取出。

废弃的光敏树脂溶液不可作生活污水倾倒，其处理过程可参照如下方法：

(1) 放置在贴有标签的容器内，并根据当地法规进行处理。

(2) 将树脂固化，可以将废弃的树脂放置在阳光或紫外光下照射，待其固化后当做普通垃圾处理。通常将液态树脂放在透明塑料袋中，放置在阳光下等待固化，整个过程可能需要 1～10 天。

5. 去支撑处理

去支撑处理步骤如下：

(1) 模型清洗好之后吹干或晾干，再用模型剪、镊子等工具进行去支撑处理，如图 3-14 所示。

图 3-14　使用模型剪去除模型的支撑

(2) 用砂纸打磨因(1)中操作而产生的不平整表面，去除痕迹。

(3) 用矿物油去除因移除支撑结构而产生的白色污点。

6. 模型二次固化

将模型放在阳光下曝光；有条件的话，可用紫光灯固化箱照射(波长 405 nm)，每隔 3～5 min 检查模型表面效果，多次照射，直到模型达到最佳状态。

7. 修补瑕疵

当模型完成后，表面可能会有若干小孔。另外，模型有时候可能会在移除支撑结构的过程中受损或在使用中受损。以下方法可以帮助修复模型瑕疵。

需要准备的材料：一根牙签、树脂材料、阳光(或固化箱)、砂纸。

具体操作步骤如下：

(1) 用牙签将树脂填充到需要修补的孔洞中。

注意： 这步操作需要细心和耐心，做得越精细，后续操作就越简单。

(2) 将修补过的部分放置在太阳下或放入固化箱中照射，以固化树脂。

(3) 当树脂完全固化后，用砂纸打磨，使表面光滑。

该方法同时也适用于将两个独立打印的模型组合在一起。

3.3 SLA 桌面 3D 打印机的维护

3.3.1 固件更新

固件更新的方式有本地 U 盘升级和网络在线升级两种，具体方法如下：

1. 本地 U 盘升级

(1) 将 U 盘插入到电脑 U 盘端口。

(2) 将 U 盘内的文件全部剪切或格式化。

(3) 在 U 盘根目录下创建一个名为 dlp-ii 的文件夹。

(4) 将 dlp-ii-版本号-编译日期.tar.gz、usb_updator、version，这三个固件更新文件(文件可联系闪铸获取)复制到创建好的 dlp-ii 文件夹中(见图 3-15)。

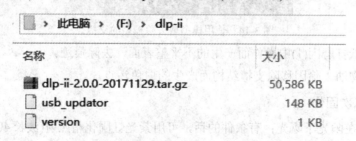

图 3-15 U 盘中的固件更新文件

(5) 关闭 Hunter 打印机背后的电源按键，将上述 U 盘插入到机器 U 盘端口，打开打印机背后的电源按键，再点击打开打印机正面触摸屏右侧的黑色开关键，之后触摸屏显示自动进入 U 盘更新界面，如图 3-16 所示。

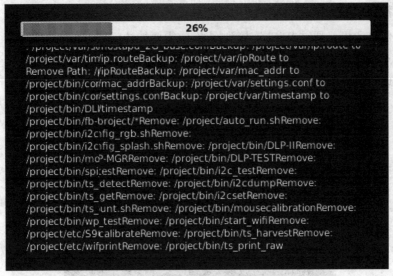

图 3-16　U 盘更新界面

(6) 更新成功后，拔除 U 盘，点击[确认]按钮(见图 3-17)，打印机自动重启系统，固件更新完成。更新成功后，建议将 U 盘中的三个固件更新文件删除，以免影响 U 盘的其他功能。

图 3-17　固件更新成功界面

注意： 此过程请勿断电！

2. 网络在线更新

(1) 确保打印机已通过 WiFi 连接到网络上(需要能访问到 Internet 外网)。

(2) 先点击打印机触摸屏上的[设置]按钮，再点击[更新]按钮。

(3) 发现可更新版本(见图 3-18)，点击[下载]按钮。

图 3-18 发现固件新版本

(4) 下载成功后，点击[更新]按钮。

(5) 等待机器进行自动更新，直到出现"更新成功，重启系统"(见图 3-19)。打印机自动重启系统，固件更新完成。

图 3-19 固件更新成功后的提示

注意：此过程请勿断电！

3. 更新后启动说明

无论采用上述哪种方式更新，在完成更新后的第一次启动时，FLASHFORGE 3D

PRINTER 图标会出现两次，之后正常进入开机画面。请不要在该过程中进行断电操作，以免更新失败导致后期机器无法启动！

3.3.2　Z 轴补偿

当打印平台与树脂槽距离不正确时，需要进行 Z 轴补偿，具体操作如下：

(1) 通过点击触摸屏[设置]→[Z 轴补偿]按钮进入 Z 轴补偿界面(见图 3-20)，并弹出"打印平台将移动到 0 位。确保平台下无异物"对话框。在确认平台下无异物后点，击[是]按钮，等候平台移动到 0 位。

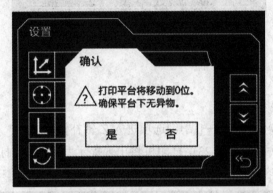

图 3-20　Z 轴补偿界面

(2) 根据 Z 轴实际位置，通过触摸屏上的向上移动和向下移动按钮调整移动距离，具体移动数值会在方框中显示(见图 3-21)。

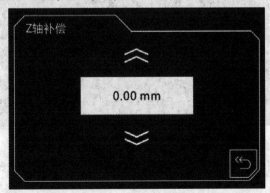

图 3-21　Z 轴调整界面

(3) 确定 Z 轴位置后，点击[返回]按钮，电机将被重置，触摸屏上会出现提示"正在重置电机，请稍后" (见图 3-22)。

图 3-22　Z 轴补偿成功界面

3.3.3　调焦

调焦的具体操作步骤如下：

(1) 通过点击触摸屏[设置]→[调焦]选项进入 Z 轴补偿界面。

(2) 打开[调焦]开关(见图 3-23)，打印机将出现提示"光机即将打开，确保没有溶液"，在确认溶液盒内没有溶液后，点击[确定]按钮。

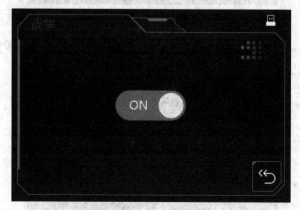

图 3-23　调焦开关

(3) 此时，光机将投影出调焦画面，调整相关参数，当看到黑白相间的清晰条纹时，调焦完成。

注意：此操作不建议客户自行尝试，在调焦前，可提前联系厂家。

3.3.4　设备维护要点

在设备维护过程中，需注意以下几个要点：

(1) 打印机若置于 25℃～30℃的室温中，打印效果最佳。要避免阳光或较强的自然光直射打印机，工作时要给打印机盖上防护罩。

(2) 保持打印机清洁，使其保持最佳打印状态。每次打印完成后，对打印机进行及时清洁，不得将树脂残留在设备上，尤其不得将树脂滴落到光机镜头上。污垢可以用酒精溶液擦拭清理。

(3) 光机镜头如果被污染，灰尘可使用吹气球吹干净，其他污垢可用无尘布蘸取酒精擦洗。树脂盒底面玻璃如果被污染，使用无尘布蘸取酒精擦洗干净，保证其高透光性。

(4) 使用 3D 打印机打印前，要仔细做一些检查：打印平台上是否有污垢滞留现象，树脂盒中的树脂是否清理干净，各部分连接线是否正常，平台是否校准等。

(5) 每次需要更换树脂时，都应先把打印平台拿下来或保证打印平台是干净且不含液体的，再把树脂盒抽出来，否则平台上的树脂会滴到镜子和光机镜头，影响投光效果。

(6) 如果模型黏附在膜上面了，不要用铲刀去铲，否则很可能把膜铲破，应戴上手套将残余模型取下。

(7) 若长时间不使用机器，应将机器断电，擦拭干净，并务必将防护罩盖上，防止灰尘进入。

3.3.5　常见问题及解决办法

打印过程中的常见问题及解决办法如下：

(1) 模型打印不上。

原因 1：树脂盒的膜之间有水汽。

解决办法：把树脂盒的膜取下来，用无尘布擦干净并吹干。

原因 2：平台跟树脂盒之间没有贴紧。(小概率事件)

解决办法：调节树脂槽紧固螺母。

(2) 打印机在打印过程中出现平台一边能打印上一边打印不上的情况。

解决办法：检查平台是否和树脂槽齐平贴紧，平台和树脂槽上是否有残渣。

(3) 模型身上会产生小碎片。

解决办法：更换材料；另外还需要检查树脂槽上的那层薄膜是不是刮花或是刮破。

(4) 用稍黏稠的材料打印镂空而且孔比较小的模型，那些孔被封住了。

解决办法：打印完成之后尽快将模型取下来，用 UV 光照射之前必须先用气枪将小孔里面残留的液体吹掉。

第四章 3DP 桌面 3D 打印机的使用及维护

4.1 3DP 桌面 3D 打印机的技术原理

4.1.1 3DP 桌面 3D 打印机原理概述

喷墨粘粉式 3D 打印技术(Three Dimensional Printing and Gluing，简称 3DPG，常被称为 3DP)又称为三维印刷技术，是由美国麻省理工学院的 Emanuel M.Sachs 和 John S.Haggerty 联合开发的。之后又有许多科研人员对该技术多次进行了完善和改进，最终形成了今天的三维印刷快速成形工艺。

1. 技术原理

3DP 的技术原理如图 4-1 所示。首先，铺粉机构在打印平台上精确地铺上一薄层粉末材料，然后打印头按照模型切片得到的截面数据进行运动，并有选择地开关喷头喷射黏合剂，喷到黏合剂的薄层粉末发生固化，构成截面图案。未被喷射黏合剂的地方仍为粉末材料，在成形过程中起支撑作用。以这个原理逐层堆积，最终完成整个模型。

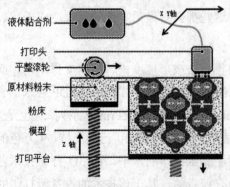

图 4-1 3DP 技术原理示意图

3DP 的工作原理和传统二维喷墨打印非常相似，这也是三维印刷这一名称的由来原因。3DP 技术最大的优势在于可以给打印头配上彩色墨盒，这样，在喷出黏合剂时可以实时添加不同的色彩，从而实现全彩色工件的打印。

3DP 技术最大的优势在于可以给打印头配上彩色墨盒，这样，在喷出黏合剂时可以实时添加上各种不同的色彩，从而实现全彩色工件的打印。

2. 工艺流程

目前，3DP 设备多采用粉末材料作为原材料，主要有陶瓷粉末、金属粉末和塑料粉末等。通过黏合剂的黏力来绘制图层，受黏合剂黏力的限制，该工艺打印制作的零部件强度普遍偏低，必须进行后期处理。具体打印的工艺流程如下：

(1) 在上一层黏合完毕后，成形缸下降一个层厚的距离，供粉缸上升一定高度，通过平整滚轮推出一定的粉末，将工作台铺平并压实。

(2) 平整滚轮铺粉时多余的粉末被整粉装置收集。

(3) 喷头在计算机控制下，按下一个建造截面的成形数据有选择地喷射黏合剂的建造层面。

(4) 如此周而复始地送粉、铺粉和喷射黏合剂，最终完成一个三维粉体的黏合。

(5) 去除模型中未被黏合的干粉。

(6) 将打印好的物体进行烧制等后续处理。

喷墨黏粉式 3D 打印工艺的精度主要受两个方面的影响：一是打印完成后通过黏合剂黏粉生产的粉末坯件精度，在打印时，喷涂黏合过程中喷射黏合剂的定位精度，液体黏合剂对粉末材料的冲击作用以及上层粉末重量对下层零件的压缩作用均会影响打印坯件的精度；二是坯件二次加工(焙烧)的精度，后续烧制等处理会对打印坯件产生收缩和变形甚至微裂纹等影响，这些都会对最后零件的精度造成干扰。

3. 技术特点

3DP 技术的优势主要集中在成形速度快、无需支撑结构，而且能够打印出全彩色的产品，这是目前其他技术都较难实现的。当前采用 3DP 技术的设备不多，比较典型的是 ZCorp 公司(已被 3D Systems 公司收购)的 ZPrinter 系列，这也是当前一些高端 3D 照相馆所使用的设备。ZPrinter 系列高端产品 Z650 已能支持 39 万色的产品打印，色彩方面非常丰富，基本接近传统喷墨二维打印的水平。在 3D 打印技术各大流派中，该技术也被公认在色彩还原方面是最有前景的，基于该技术的设备所打印的产品在实际体验中也最为接近于原始设计效果。

但是 3DP 技术的不足也非常明显。首先，打印出的工件只能通过粉末黏合，受黏合剂材料限制，其强度很低，基本只能作为测试原型。其次，原材料为粉末，导致工件表面的光洁度远不如 SLA 等工艺成品的光洁度，并且精细度方面也要差很多。所以为使打印工件具备足够的强度和光洁度，还需要一系列的后处理工序。此外，由于制造相关原材料粉末的技术也比较复杂、成本较高，所以目前 3DP 技术的主要应用领域都集中在专业应用上面，桌面级设备还比较少，能否大范围推广还需要后续观察。

概括来讲，相比其他打印技术而言，采用 3DP 工艺的 3D 打印技术具有以下三个方面的优点：

(1) 打印速度快，无需添加支撑。

(2) 技术原理与传统工艺相似，可借鉴很多二维打印的成熟技术和部件。

(3) 可在黏合剂中添加墨盒，以打印全色彩的原型。

不足如下：

(1) 成形件的强度较低，只能做概念验证原型使用，难以用于功能性测试。

(2) 工件表面光洁度不如其他工艺，且精细度较差。

(3) 制造相关原材料粉末的技术复杂、成本高。

4.1.2 3DP 典型设备介绍

3D Systems 公司推出的 ProJet 660 系列全彩 3D 智能打印机(见图 4-2)，不但能够打印 Adobe Photoshop 上 90 %的颜色，还可以使用新的 3D 打印材料——VisiJet PXL。

图 4-2　ProJet 660 系列打印机

ProJet 660 系列全彩 3D 打印机采用了 3D Systems 公司 ColorJet 的 3D 打印技术(CJP)，用户可以用它打印出精美、细致的作品；同时，还配备了更快的打印模式、更强大的色彩和文件准备软件工具，可使用户更方便地将其与平板电脑或智能手机进行连接。

ProJet 660 Pro 机身尺寸较大，打印面积可达 203 mm × 254 mm × 203 mm，垂直打印速度高达每小时 28 mm，并且运作高效，废物可自动回收。ProJet 660 Pro 的主要应用领域是产品的设计和开发、数字化制造、美术制作等，具体技术参数见表 4-1。

表 4-1　ProJet 660 Pro 打印机技术参数

项目	参数
分辨率/dpi	300 × 450
颜色	彩色
最小形体尺寸/mm	0.15
厚层/mm	0.1
垂直构建速度/(mm/h)	23
每次建造原型数目	18
构建尺寸(xyz)/mm	203 × 254 × 203
建造材料	VisiJet　PXL
喷头数	604
打印头数量	2
输入数据文件格式	STL、VRML、PLY、3DS、FBX、ZPR
操作温度范围/℃	13～24
工作湿度范围	20%～55%，非冷凝

4.2　3DP 桌面 3D 打印机的使用方法

4.2.1　设备简介

Easy3DP-Ⅱ3D 打印机(见图 4-3)是武汉易制科技有限公司生产的一款 3DP 全彩 3D 打印设备，主要采用轮廓扫描、微滴多喷射、层胶固化等技术来增材成形全彩色产品，其机身小巧，简单、易用且安全，适合在学校、公司等办公场所使用。同时，该设备可打印多种耗材，包括石膏基复合粉末、树脂砂、陶瓷粉末和多种常用塑料粉末。合理的送粉铺粉机构可提高材料利用率。最新压电式多打印喷头具有超寿命、快速打印功能和高解析度等特征，最准确及一致的色彩范围保证了成形精度可达 0.2 mm 以上。自主研发的黏合剂，不堵塞喷头，设备稳定性高。成形产品主要用作 3D 打印彩色人像、工艺品，铸造用蜡模和砂芯，常用塑料件的结构验证和功能测试等。本节将对此设备进行详细的介绍。

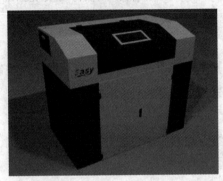

图 4-3　Easy3DP-Ⅱ3D 打印机

1. 技术参数

Easy3DP-Ⅱ3D 打印机的技术参数详见表 4-2。

表 4-2　Easy3DP-Ⅱ3D 打印机的技术参数

项　目	参　数
外形尺寸(长 × 宽 × 高)	1350 mm × 800 mm × 1200 mm
成形空间(长 × 宽 × 高)	300 mm × 300 mm × 300 mm
垂直方向成形速度	最高约 20 mm/h
分层厚度	0.05～0.2 mm
喷头数量	2 套 8 通道 4 彩，共 2880 孔的压电式喷头
系统软件	Easy3DP V1.0(自主研发)终身免费升级， 支持格式：STL、VRML(彩色)
控制单元	自主研发
软件工作平台	Windows 7、Windows XP
电源要求	两相三线，220 V，50 Hz，10 A
成形材料	覆膜砂、陶瓷粉末、常用塑料粉末、石膏复合粉末
墨水颜色	乳白、青蓝、红、黄、黑色
机器特点	快速、全彩色、经济、长寿命、多材料

2. 设备组成

Easy3DP-Ⅱ3D 打印机由打印喷涂系统、运动控制系统、供墨系统及各种传感器组成，并配以自主研发的 Easy3DP V1.0 软件，该软件可实现三维图形数据处理，加工过程的实时控制及模拟等功能。

1) 打印喷涂系统

打印喷涂系统由四个基本单元组成：打印控制板、喷头控制板、光栅尺检测模块、喷头及配套线缆。它们主要实现墨水打印功能。

2) 运动控制系统

运动控制系统由工作缸、送粉缸、铺粉辊及其对应的电机、传动装置组成，主要完成系统的加工及传动功能。

3) 供墨系统

供墨系统由墨盒组合构成，主要为打印喷涂系统供墨。

4) 各类传感器

各类传感器主要为系统提供必要的位置定位信号及限位保护信号。

3. Easy3DP-Ⅱ 型全彩打印机安全提示

1) 对环境的要求

(1) 环境温度要求：环境温度 26℃ 左右，需要根据空间大小配置适当功率的空调。(偏高和偏低的温度影响墨水的黏度，也会造成喷头的堵塞。)

(2) 环境湿度要求：环境湿度小于 60 % RH。

(3) 电源要求：两相三线，220 V，50 Hz，10 A，可靠接地。注意：零线、地线不能接错，更不能接在一起。

(4) 通风要求：自然通风换气即可。

(5) 防火要求：安装地点应远离易燃、易爆物品，所有装饰材料均应阻燃。

(6) 安装要求：

① Easy3DP-Ⅱ型全彩打印机与墙壁的间距大于等于 1 m。

② 房间门及运输通道宽应大于 2 m，高应大于 2.5 m。

③ Easy3DP-Ⅱ型全彩打印机应尽量安排在满足条件②的一楼，或满足条件②同时具有承重 1 吨以上电梯的其他楼层。

2) Easy3DP-Ⅱ型全彩打印机对操作人员的要求

(1) 操作人员在操作过程中不得将头、手等部位靠近压电式喷头，以免被电压灼伤。

(2) 调整系统时，必须由专业人员操作。

(3) 调试准备工作完毕后，进入正常工作状态，须关闭系统门窗(盖)，且在加工过程中不得随意开启。

4.2.2　设备基本操作

1. 开启设备

1) 开机前的准备工作

(1) 用吸尘器清除工作台面及铺粉辊上的粉尘。

(2) 检查喷头是否被污染，若不干净，先用吸耳球吹一吹喷头，再用专用尼龙布轻轻擦拭。

(3) 仔细检查工作腔内、工作台面上有无杂物，以免损伤铺粉辊及其他元器件。

2) 开机操作

(1) 启动计算机，按下开机按钮，其指示灯点亮。先启动 EasyPrint 程序(确保在设备上电后，打印头 X 轴可以正常回原点)。

(2) 运行 Easy3DP V1.0 软件系统，将工作台面升至极限位置，并将储粉缸降至极限位置。

(3) 将需加工的粉末材料慢慢倒入储粉缸里面，应少量多次。

(4) 在调试面板中，利用工作缸、储粉缸的上升下降和铺粉辊的来回移动，使粉末材料平铺均匀。

(5) 通过磁盘或网络将准备加工的 STL 或 VRML 文件调入计算机。

2. 关机操作

零件制造完毕后，在"制造"对话框中选择[退出]按钮并确定，退出"制造"对话框；然后点击窗口右上角的[×](关闭)按钮或"文件"对话框中的[退出]按钮，退出 Easy3DColor 和 EasyPrint 软件系统，回到 Windows 界面；最后关闭计算机及总电源。

3. 软件安装

系统配置的电脑为工业控制计算机，出厂前操作系统和应用软件都安装完好。用户使用时应该专机专用，避免由于误操作、计算机病毒等原因引起系统故障。拷入数据前

(如：stl 文件)，应对数据源盘进行查杀病毒的处理，尽量确保不将病毒带入计算机。如果确实发现操作系统故障，最好按方案一的方法恢复系统；如果重新安装系统，请按方案二的步骤进行。

方案一：利用 ghost 恢复系统。

设备调试完毕后，用户可自行做系统备份，将系统盘(ghost)备份为一个镜像文件。操作如下：

(1) 将系统启动到 DOS 状态下，进入存放 ghost 的目录，输入 ghost。

(2) 选择[Local]→[Partition]→[To Image]项并确认(不支持鼠标的情况下，利用 Tab 键将焦点移到 OK 按钮上，再单击 Enter 键)，在弹出的对话框中选中要镜像的盘，按 OK 按钮，在弹出的对话框中选择保存镜像文件的盘及目录，填写镜像文件名后按 Save 键，在弹出对话框后按 Enter 键，之后，在弹出的对话框中选中 Yes 按钮，再按 Enter 键，开始将 C 盘备份为一个对象文件。

恢复系统(一定要仔细，不要覆盖错了盘)：

(1) 将系统启动到 DOS 状态下，进入存放 ghost 的目录，输入 ghost。

(2) 选择[Local]→[Partition]→[From Image]项，在弹出的对话框中选中备份的镜像文件，按 Open 按键，在弹出的对话框中按 OK 按键，在弹出的选择目标盘的对话框中选择要覆盖的盘，之后按 OK 按键，在弹出的对话框中选中 Yes 按键后，按 Enter 键。

方案二：重新安装系统。

重新安装系统的具体步骤如下：

(1) 安装好 Windows XP 操作系统，并安装工控机主板、显卡等基本硬件的驱动程序。

(2) 根据提示选中 RTC 目录下的 slrtcdrv.inf 文件，安装振镜系统驱动时。

(3) 运行设备生产商提供的 DriverSetup 目录下的 MarkDoc，安装本系统的硬件驱动。具体界面如图 4-4 所示。

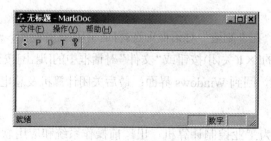

图 4-4 MarkDoc 硬件驱动界面

(4) 单击 图标，弹出如图 4-5 所示的对话框。

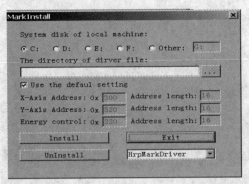

图 4-5　MarkDoc 安装对话框

(5) 单击 ... 图标，选择 DriverSetup 目录下的 SlsTempDriver.sys 文件，然后单击 Install 按钮安装温控系统驱动。

(6) 运行 DMC1410V1.1 目录下的 REG2K.EXE 可执行文件，安装系统运动控制驱动。

(7) 拷贝 DriverSetup 目录下 dll 文件夹中的所有 dll 文件到 C:\WINNT\system32 目录中。

(8) 校正文件生成后，改名为 sls.asc，存放在 C:\LaserLink\cal\目录下。

(9) 安装完毕后重启计算机，即可运行 PowerRP 软件系统。

软件使用时应注意以下几点：

(1) 制作零件前，最好先运行时间预估程序，看看填充路径是否正常。如果某些层的生成路径不正常，可将光斑补偿设为 0，边框次数及边框间距设为 0，扫描方式改为"逐行扫描"后再试试。

(2) 零件实体显示为深绿色，路径填充错误很多，说明 STL 文件有非常严重的错误，需通过 CAD 造型系统重新生成正确的 STL 文件再加工。

(3) 若程序出现非正常跳出后无法正常运行的现象，可重启计算机后再运行。

4.2.3　操控软件介绍

进入 Easy3DP V1.0 软件系统后，打开一个 STL 文件，将出现如图 4-6 所示的主窗口。菜单栏在界面的顶端，包括文件、显示、设置、制造、模拟、帮助等六个菜单，如图 4-7 所示。

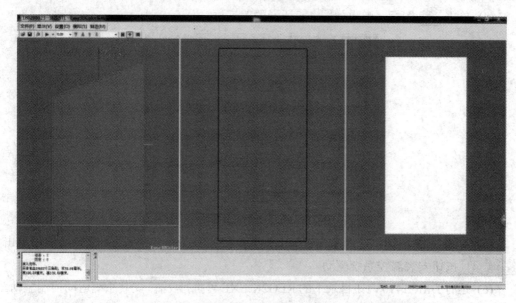

图 4-6 软件主界面窗口

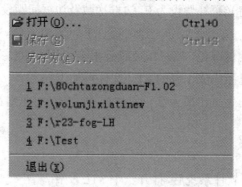

图 4-7 软件的菜单项

1. 文件菜单

单击"文件"菜单，如图 4-8 所示，可以进行打开、保存、另存加工文件等操作。

图 4-8 "文件"菜单

(1) [打开]：打开一个用户想要加工的 STL 或 WRL 文件。

(2) [保存]：保存用户对该 STL 或 WRL 文件的修改。

(3) [另存为]：不覆盖源文件，把修改后的文件另存为一个文件。

(4) [退出]：退出本程序，结束操作。

2. "显示"菜单

单击"显示"菜单，如图 4-9 所示，可选择 3D 投影的方式及显示方式。

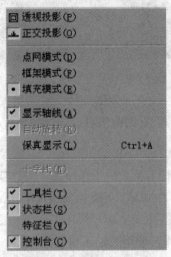

图 4-9 "显示"菜单

(1) [透视投影]：可以进行旋转、缩放，一般用来观察零件的三维造型。

(2) [正交投影]：可以在左边视图中显示截面形状。

(3) [点网模式]：通过点和线构成的网来显示三维模型，模型透视效果好，常用于观察有复杂结构的模型。

[框架模式]：只显示三维模型的框架，使模型的框架更清晰，立体感强。常用于观察模型整体情况。

[填充模式]：通过填充的方式使三维模型更接近真实物体，显示仿真度高。一般情况下均使用[填充模式]。

(4) [显示轴线]：选中后，右边视图的三维模型中会显示三根轴线。

(5) [工具栏]：显示/隐藏工具栏。

(6) [状态栏]：显示/隐藏状态栏。

(7) [控制台]：显示/隐藏控制台。

3. "实体变换"对话框

通过"设置"菜单，选择[实体变换]项可以进入实体变换对话框，如图 4-10 所示。

该对话框左端为旋转操作界面，左端为缩放操作界面。

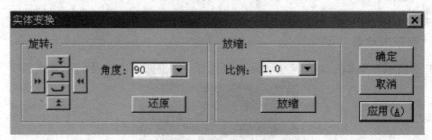

图 4-10 "实体变换" 对话框

(1) [旋转]：过中心点，沿 X、Y、Z 轴旋转一定的角度(角度值可以任意设定)。

(2) [放缩]：将零件按比例缩放(比例值可以任意设定)。

4. 工具栏

工具栏其实是菜单项的快捷方式，位于菜单栏下方，如图 4-11 所示，从左到右分别对应于[打开]、[保存]、[制造]、[调试]、[实体变换]、[制造设置]、[模拟制造]、[设置切片层厚]、[切最顶层]、[切最底层]、[上切一层]、[下切一层]、[设置切片 Z 值]、[透视投影]、[正交投影]、[还原]等操作，使用方法不再详细介绍。

图 4-11 软件的工具栏

5. 状态栏

状态栏位于软件界面的最下端，如图 4-12 所示，共 5 格，第一格显示工具提示，第二格显示鼠标位置，第三格显示当前切片的 Z 坐标或选择的 Z 位置，第四格显示当前加工的零件由多少个三角形构成，第五格显示当前零件的长、宽、高。

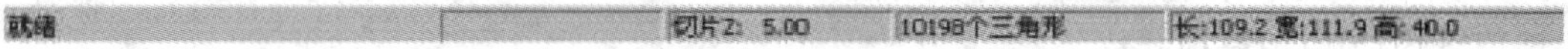

就绪　　　　　　　　　　切片Z: 5.00　　10198个三角形　　长:109.2 宽:111.9 高:40.0

图 4-12 软件的状态栏

4.2.4 打印参数设置

1. 制造面板设定

在菜单栏中选择[制造]选项，弹出如图 4-13 所示的对话框。

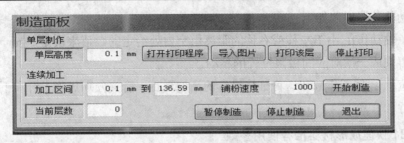

图 4-13　"制造面板"对话框

各功能的使用说明如下：

(1) [打开打印程序]：打开 EasyPrint 打印程序。

(2) [导入图片]：导入零件任意单层切片。

(3) [打印该层]：打印零件任意单层切片。

(4) [停止打印]：停止打印零件任意单层切片。

(5) [加工区间]：设置零件的起始高度与终止高度。

(6) [铺粉速度]：设置铺粉辊自转速度。

(7) [开始制造]：全自动制造设定范围内的实体零件。

(8) [当前层数]：打印过程中显示当前打印的层数。

(9) [暂停制造]：多层制造时暂停制造，再按此按钮时继续多层制造。

(10) [停止制造]：停止多层制造，但必须在完成一层的打印后才能停止。

(11) [退出]：停止并退出制造。

2. 控制面板设定

"控制面板"对话框如图 4-14 所示。

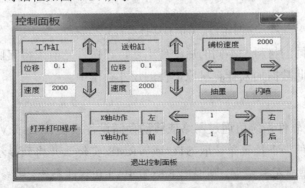

图 4-14　"控制面板"对话框

具体功能使用说明如下：

(1) [X 轴动作]：小车左移或右移的距离由空白处给定的数值来决定，按一下对应按钮，铺粉辊完成一次对应的极限位置的移动。

(2) [位移]：使工作缸和送粉缸按设定的高度运行。箭头分别代表上升和下降，中间为停止运行。

3. HB1 快速成形材料推荐使用参数

打印速度：0～800 mm/s；打印间距：0.05～0.1 mm；层厚：0.05～0.2 mm；打印轮廓宽度：0.5～1.5 mm；纸张位置：120～150 mm。

C、M、Y、K 根据实际打印情况调节。

4.2.5　制造成形件

1. 工艺流程

3DP 打印技术的工艺流程如图 4-15 所示。

图 4-15　3DP 打印技术的工艺流程

注意：对于不同的材料、不同的后处理工艺，在做件之前须将它们的收缩、膨胀变形考虑进去，并将此数据加入计算机原形件的尺寸补偿中。

2. 图形预处理

Easy3DP V1.0 软件系统可通过网络或移动存储设备接收 STL 或 VRML 文件。开机完成后，通过"文件"下拉菜单读取 STL 或 VRML 文件，并将其显示在屏幕实体视图框中。如果零件模型显示有错误，则退出 Easy3DP V1.0 软件系统，用修正软件自动修正，然后再读入，直到系统不再提示有错误为止。通过"实体转换"菜单，将实体模型进行适当的旋转，以选取理想的加工方位。加工方位确定后，利用"文件"下拉菜单的[保存]或[另存为]项存取该零件，以作为即将用于加工的数据模型。如果是"文件"下拉菜单的文件列表中有的文件，用鼠标直接点击该文件即可。

3. 零件制作

1) 新零件制作步骤

(1) 点击"文件"菜单，选择零件，读取需要制作的零件模型。

(2) 点击"设置"菜单，选择[制造设置]项，进入"制造设置"对话框；选择[实体变换]，对该零件进行角度变换或放缩，如不需角度变换或放缩，则无需点击；选择[切片填充颜色]，给定 R、G、B 值来获取切片填充部分的颜色(一般默认值为 254、254、254)。

(3) 点击"制造"菜单，选择[制造面板]项，进入"制造面板"对话框；在"制造面板"对话框中点击[打开打印程序]，设置加工区间(起始高度和终止高度)及铺粉速度(一般在 1000～2000)，然后点击[开始制造]按钮(如需暂停制造，则点击[暂停制造]按钮，如需停止制造，则点击[停止制造]按钮)。制作完成后，系统自动停止工作。[单层高度]项为制造实体某一设置高度的那一层截面。如需打印某一层，则输入该单层的高度，然后点击[导入图片]、[打印该层]按钮。如需停止打印该层，则点击[停止打印]按钮即可。

2) 系统暂停和继续加工

在自动制造过程中，如果想暂时停止制造，则点击"制造面板"对话框的[暂停制作]按钮，系统在加工完当前层后停止加工下一层。如果想继续制造，则按[暂停制作]按钮重新开始制造。

3) 关机

零件制造完毕后，在"制造面板"对话框中选择[退出]按钮并确定，退出"制造面板"对话框后点击窗口右上角的[×](关闭)按钮或[文件]中的[退出]按钮，退出 Easy3DColor 和 EasyPrint 软件系统，回到 Windows 界面，关闭计算机及总电源。

注意：在零件加工过程中，可以点击"设置"菜单，随时调整零件的制作参数。最好先使用暂停键使机器暂停后再设置。

4. 零件后处理

制作好零件后，关闭主机电源。根据模型大小，至少等待 60 min 后，方可从工作缸中取出。用工具小心去掉多余的粉末。

注意：需根据不同材料和用途做不同的后处理。

石膏粉材料原形件转变为工艺品件的后处理工艺如下：

(1) 将制作好的零件放入(60 ± 2)℃的烘箱中烘烤，最少 1 h。

(2) 烘烤完之后，根据零件大小在盆中倒入适量的后处理胶水。

(3) 将零件放入盆中浸泡至饱和状态(没有气泡说明已达到饱和状态)。

(4) 至零件完全浸透后即可取出，将零件表面多余的胶液完全吸干，使零件表面无多余的混合溶液。方法如下：用吸水纸紧贴零件表面，待纸湿润后换纸继续，其间要不停地换纸，直至零件表面无多余的混合溶液，吸干后将零件放置于通风处晾干即可。

(5) 将晾干后的零件置于干燥器内避光放置。

注意： 液体材料易粘手，操作时应戴手套；固化剂及稀释剂对皮肤和呼吸系统有刺激作用，操作时应穿防护服，戴口罩。

4.3　3DP 桌面 3D 打印机的维护及保养

4.3.1　整机的维护及保养

1. 电柜的维护

电柜在工作时严禁打开，每次加工完零件后必须认真清洁，防止灰尘进入电器元件内部，引起元器件损坏。

2. 电器的维护

各电机及其电器元器件要防止灰尘及油污污染。

3. 设备的维护

机器各个运动部件的粉尘要及时清洁干净。

4.3.2　工作缸的维护及保养

加工零件之前和零件加工完毕之后，都必须对工作缸、储粉缸、铺粉辊及整个系统进行清理(此时零件必须取出)。

清理的先后顺序如下：

(1) 把剩余的粉末取出。

(2) 用吸尘器吸走工作缸及其周围的残渣。

4.3.3 丝杆和导轨的维护及保养

定期对 Z 轴丝杆及 X 轴、Y 轴导轨进行去污、上油。X 轴、Y 轴移动导轨每周需补充润滑油一次，Z 轴丝杆每隔三个月需补充润滑油一次，具体方法如下：

1. 铺粉辊移动导轨的润滑

打开后门，将盖在轨道上的皮老虎掀起，分别在两条导轨上加注润滑油(或 40 号机油)，然后将滑块左右移动数次即可。

2. 工作缸、储粉缸导柱导套和丝杆的润滑

将工作缸、储粉缸上升到上极限位置，松开固定活塞不锈钢盖板的螺钉，轻轻取下不锈钢板(钢板下的毛毡不得错位)，用油枪对准导柱(四根)注射适量的润滑油(或 40 号机油)，丝杆使用锂基润滑脂(专用润滑油)轻涂在丝杆螺纹里，轻轻盖上不锈钢板(钢板下的毛毡不得错位)，然后拧紧螺钉，再将工作缸及储粉缸上下运动一次即可。

4.3.4 喷头的保养和清洗

3D 打印机在使用过程中的喷头堵塞问题主要以"预防为主"。对喷头做一些适当而有效的日常维护，将大大减少喷嘴堵塞的可能性。

设备安装完毕后及设备启用初期应对喷头进行保养维护。为使喷头进入最佳动作状态，在设备正式开始承接制作业务之前，应用 1～2 天时间尽最大可能多打印一些画面，画面最好包含 C、M、Y、K 4 色，而且在画面的两边都要加上 C、M、Y、K 4 色色条以确保 4 个喷头始终处于喷墨状态。

1. 工作完成后对喷头进行的保养维护

每天所有的打印作业全部完成后，为使喷头保持最佳工作状态且避免由于溶剂性墨水挥发而堵塞喷嘴，应按以下方法对喷头进行维护。

(1) 关闭设备电源。

(2) 将专用清洗液倒在喷头清洗布上，使其浸湿。

(3) 将机头移回最左端位置，用喷头清洗布擦拭喷头打印处。

(4) 保持这种状态让设备过夜。

2. 发现喷嘴轻微堵塞后的处理方法

在喷绘过程中发现喷嘴出现轻微堵塞现象后要毫不犹豫地按 PAUSE 键暂停打印作业，然后用手动气泵使墨水从喷嘴喷出进行喷嘴清洗，清洗完毕后须用塑料挤压瓶往喷嘴表面喷一些清洗液洗去残留墨水。

注意：使用手动气泵时切勿用力过猛，否则会因压力过大而损坏喷头。

3. 打印过程中频繁发生喷嘴堵塞时的处理方法

(1) 先按 PAUSE 键暂停喷绘作业，然后按 PURGE 键使机头行动到最左端的清洗位置。

(2) 保持设备电源处于打开状态。

(3) 将喷头上的供墨管拔掉，然后用玻璃注射器抽取专用清洗液清洗喷头。方法是用 40 mL 清洗液，每隔 10 分钟冲洗喷头一次，共 3～4 次。

(4) 清洗之后重新插上供墨管，然后继续先前暂停的打印作业。

若以上处理方法见效不大可采用如下方法：

(1) 将喷头从 3D 打印机中拆下取出。

(2) 在干净的玻璃容器(如烧杯)中倒入适量专用清洗液，以放入喷头后淹没喷头底部 2～3 mm 为宜，然后用保鲜膜将玻璃容器封起来(防灰)静置 1 天以上。

注意：喷头顶端的信号接口切勿接触清洗液，否则会损坏喷头。

(3) 喷头浸泡完毕后，在打印机喷头清洗器中倒入适量专用清洗液，再将喷头底部放入清洗液中浸没约 2～3 mm，然后启动清洗器，选择专用的喷头清洗器。连续使用清洗器清洗不超过三次。

(4) 用玻璃注射器抽取 40 mL 专用清洗液，从喷头上部的供墨管接口处往里注射，注意观察从喷嘴喷出的流水线状态，如果所有的流水线都很直，说明清洗有效，这个喷头可以继续使用，如果仍有部分流水线喷歪，则需按步骤(2)、(3)再重复清洗 2～3 次。

4. 设备预计 48 小时以上暂不使用时的处理方法

如果设备预计 48 小时以上暂不使用，必须将喷头中的墨水清洗干净，否则喷嘴中的墨水会因为溶剂逐渐挥发而干结，严重的甚至会对喷嘴产生不可逆的损坏。处理方法如下：

(1) 关闭打印机的电源。

(2) 将机头移到最左或清洁位置，在喷头下方放一个耐腐蚀容器用于盛装清洗废液。

(3) 用玻璃注射器抽出或者直接倒出副墨罐中的墨水，然后用专用清洗液将副墨罐洗干净。

(4) 将喷头上的供墨管(源自副墨罐)拔掉,然后用玻璃注射器抽取 40 mL 专用清洗液清洗喷头，共做两次。最后不要把喷头残留的清洗液吹干净，一定要留足够的清洗液在喷头内部，因为清洗液对喷嘴可以起到保湿作用。

(5) 将处理过的喷头放入干净的耐腐蚀容器并密封(用保鲜膜)起来后可存放 1 个月左右。如果要长时间存放，一定要注意密封，因为清洗液干了会损伤喷头。

4.3.5　常见故障及处置方法

Easy3DP V1.0 系统常见故障及解决方法见表 4-3。

表 4-3　Easy3DP V1.0 系统常见故障及解决方法

常 见 故 障	产 生 原 因	解 决 方 法
开机后计算机不能启动	硬件接插件未安装好	检查所有插头和总电源开关
STL 或 WRL 文件打开后，图形文件不正常	(1) 三维 CAD 软件转换 STL 文件格式不正确； (2) ST 或 WRL 文件有错	(1) 将三维 CAD 软件重新转换(二进制或文本格式)； (2) 对 STL 或 WRL 文件进行纠错
极限故障	限位开关损坏	更换极限开关
零件层间粘接不好	(1) 材料与打印工艺参数不匹配； (2) 墨水出墨量不足	(1) 调整打印参数； (2) 检查喷头出墨量，调整出墨量，检查墨盒墨水量
制冷器工作不正常，制冷器温控器数据闪动	(1) 温度传感器线断； (2) 压缩机出现接触不良	(1) 重新接线； (2) 打开制冷器机壳检查接线； (3) 与制造商联系
任一路空气开关断开	电路中有短路现象	与制造商联系
小车冲出限位	(1) 限位开关损坏； (2) 打印图形尺寸与设定幅面不符合； (3) 光栅尺信号异常	(1) 与制造商联系； (2) 与制造商联系； (3) 矫正光栅尺

常见故障	产生原因	解决方法
铺粉辊无法移动	(1) 同步带损坏； (2) 钢带或铺粉辊卡死； (3) 钢带变形	与制造商联系
三缸无法移动	(1) 丝杆走到极限位置； (2) 限位开关损坏； (3) 电机驱动器损坏； (4) 电机锁紧螺母松懈	(1) 使撞块离开极限开关； (2) 更换限位开关； (3) 更换电机驱动器； (4) 与制造商联系
喷头不喷墨	(1) 喷头堵塞； (2) 喷头电路损坏； (3) 喷头板损坏	(1) 清理喷头(详见喷头的维护)； (2) 更换新的喷头； (3) 更换喷头板
墨栈无法吸墨	(1) 墨栈与喷头没有接触，位置不对； (2) 墨栈漏气； (3) 墨泵电机堵塞或损坏； (4) 膜囊板裂	(1) 耐心对准两者之间的位置； (2) 更换墨栈； (3) 清理或更换墨泵电机； (4) 更换膜囊

第五章　PCM 3D 打印机的使用及维护

5.1　PCM 3D 打印机的技术介绍

5.1.1　PCM 3D 打印机原理概述

无模铸型制造技术(Patternless Casting Manufacturing，PCM)，是由广东峰华卓立科技股份有限公司将 CAD 计算机三维设计、3D 打印技术与树脂砂工艺有机结合而开发出的一种数字化制造的综合技术。目前有 PCM-200(阀体式)、PCM-600(阵列式)、PCM-800(阵列式)、PCM-1500(阵列式)、PCM-2200(阵列式)等系列 3D 打印机。

1. 技术原理

无模铸型快速制造技术是利用快速成形技术的离散/堆积成形原理，进行了工艺和结构的创新而开发出的拥有自主知识产权的一种先进的数控制造技术与装备。它无需模具，能够快速、柔性、准确地制造内腔及表面均为复杂的铸型、模具，特别适合单件、小批量、形状复杂的大中型铸型、铸造模具的制造及新产品的试制。

无模铸型快速制造技术工作原理如图 5-1 所示。

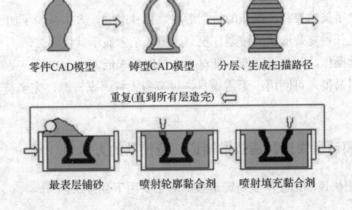

零件CAD模型　　　铸型CAD模型　　　分层、生成扫描路径

重复(直到所有层造完) ⇐

最表层铺砂　　　喷射轮廓黏合剂　　　喷射填充黏合剂

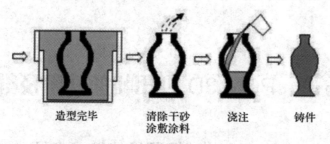

造型完毕   清除干砂   浇注   铸件
涂敷涂料

图 5-1 无模铸型快速制造技术工作原理示意图

首先，通过零件的 CAD 模型获得铸型的 CAD 模型，将获得的铸型 CAD 模型进行分层，得到截面轮廓信息，再以层面信息产生控制信息。

然后，根据分层文件进行造型。造型时，通过搅拌让催化剂均匀地与原砂混合。PCM 设备的第一个喷头在每层铺好的砂型上由计算机精确地喷射黏合剂形成轮廓，第二个喷头根据路径喷射形成填充，黏合剂与催化剂发生胶联反应，一层层固化型砂而堆积成形。黏合剂和催化剂共同作用的地方型砂被固化在了一起，而其他地方的型砂仍为颗粒态。固化完一层后再下降、铺砂、扫描粘结下一层，所有的层粘结完之后就得到一个空间实体。

最后，清理出其中间未固化的散砂就可以得到一个有一定壁厚的铸型。因为型砂在黏合剂没有喷射的地方仍是散砂，所以中间的散砂比较容易清除。在铸型的内表面涂敷或浸渍涂料之后就可以用于浇注，最终得到铸件。

2. 技术特点

(1) 无需模具，铸型直接成形。减少制作模具的人力、物力和财力的浪费。节省了制作模具的时间，缩短制造周期。

(2) 采用数字技术控制，制作的铸型形状、尺寸准确，大大减少了加工余量。

(3) 可制造任意复杂形状的铸型、模具，愈复杂愈显示其优越性。

(4) 全自动操作，劳动强度低，且对工人技能要求低。

(5) 原材料易得，可回用；无需模具，可节省大量国家资源，完全符合国家环保的要求。

5.1.2 用无模铸型快速制造技术制造铸造模具的方法

用无模铸型快速制造技术制造铸造模具时主要用下列方法：

1. 单件、小批量、个性化金属零件的制造

单件、小批量、个性化金属零件不用制造模具，可用无模铸型快速制造装备直接做出它们的毛坯铸型，浇注相应的金属液，即可得到零件毛坯，加工后便可。

2. 批量生产铸件的铸造模具

批量生产的铸件一般都要制造模具，通常是先制造模具毛坯的木模，用木模造型→浇注→金属毛坯→加工成模具。用无模铸型快速制造技术则无需制造毛坯木模，直接用无模铸型快速制造装备造型做出模具毛坯的铸型→浇注→金属毛坯→加工成模具，省去制造木模的时间和费用；同时，由于用无模铸型快速制造装备制作的形状、尺寸比较准确，可减少毛坯的机械加工余量，有些地方可留一定的打磨量，经适当打磨即可，因此，可缩短模具的制造周期，提高模具形状、尺寸的准确度，从而降低了模具的制造成本。

3. 内外表面比较复杂的模具

可先用无模铸型快速制造技术制造以砂为骨干材料的砂、树脂复合模，再翻石膏模，修整石膏模后再翻成塑料模，便可用于批量生产。

5.1.3　工艺适用范围

在各行各业的产品制造以及新产品开发当中，都需要大量地生产内腔、表面较为复杂的铸件，例如：汽车发动机的缸体缸盖，飞机的大中型复杂金属铸件，各类泵的泵体及叶轮，汽轮机高压壳体，石油防喷器及各类阀体，武器装备中复杂结构的金属零件，火箭导弹上使用的耐热合金件等。利用 PCM 系列产品，不但可以缩短开发和制造周期，而且其制造尺寸精确，加工余量小，表面质量好，生产成本低。

5.2　PCM 3D 打印机的使用方法

5.2.1　设备简介

1. 技术参数

FHZL-PCM200 设备的最大造型尺寸为 200 mm × 200 mm × 150 mm，对于超出成形空间的大型型芯，可在软件中实现自动优化分割，通过一整套工艺保证砂型拼接后尺寸

精度和强度不受影响。此设备为单喷头半自动化设备,轮廓与填充喷头共用。具有阵列式喷头的工业级 PCM 设备,其轮廓和填充喷头为独立设置。

PCM200 的具体技术参数见表 5-1。

表 5-1　PCM200 技术参数

技 术 参 数	参 数 值
铸型最大成形尺寸	200 mm × 200 mm × 150 mm
分层厚度	0.2～0.5 mm
重复定位精度	±0.1 mm
成形速度	100～300 cm³/h
铸件表面粗糙度	Ra12.5
铸件尺寸精度	CT8～CT9

2. 结构介绍

PCM200 的设备结构如图 5-2 所示,包括落砂机构、铺砂机构、喷射机构、X/Y 轴扫描机构、Z 轴升降机构、砂箱、主机架、电柜等几部分。

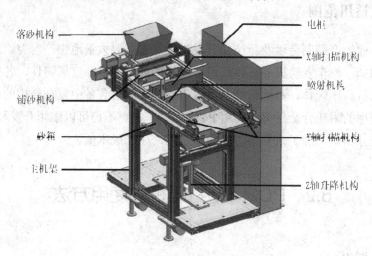

图 5-2　PCM200 的设备结构示意图

3. 安全注意事项

(1) 使用设备前必须经过培训,培训完成后才能操作设备。

(2) 严格按照设备的安全操作要求进行操作。

(3) 操作前要对设备进行安全检查，确认正常后，方可进行操作。

(4) 操作员要佩戴好相应的防护用品(防尘口罩等)。

5.2.2　设备控制软件 Cark

PCM 控制软件 Cark 为免安装软件，其使用非常简单，只要双击运行 Cark200.exe 图标就可执行程序。启动应用程序后，系统显示如图 5-3 所示界面。

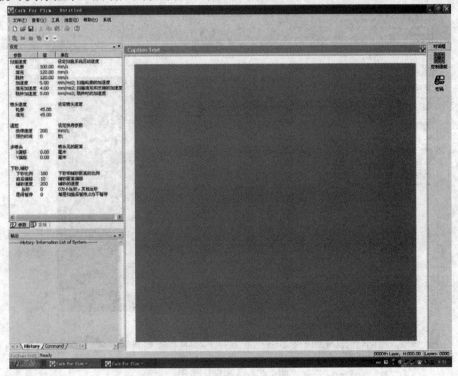

图 5-3　控制软件(Cark)主窗口

Cark 整个设计开发都是基于 Windows 环境的，操作使用简单方便。Cark 工作界面由三部分构成：上部为菜单和工具条；左侧为工作区窗口，显示工艺参数及系统信息等；右侧为图形窗口，显示二维 CLI 模型。下面介绍 Cark 的主窗口及各部分的名称和功能。

1. Cark 菜单栏

Cark 菜单栏的功能是进行各种命令操作：进行文件选择，设定工艺参数，设备参数，变换模型坐标，设定显示模式等。

2. 文件菜单

如图 5-4 所示，文件菜单主要用于新建、打开、关闭文件等，具体功能介绍如下：

(1) 新建：新建一个空的 CLI 文件。

(2) 打开：打开一个 CLI 文件。

(3) 保存：保存当前的 CLI 文件。

(4) Exit：结束并退出程序。

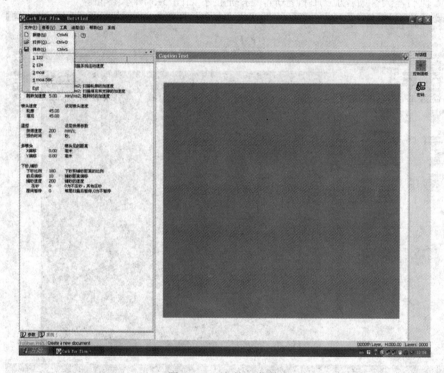

图 5-4　"文件"菜单

单击[文件]→[打开]项，系统弹出"标准文件打开"对话框，让用户选择要打开的 CLI 文件。控制软件(Cark)中一次只能打开一个 CLI 文件。若要打开第二个 CLI 文件，则系统提示前一个文件将自动关闭。

注意：关闭 CLI 文件后，如果系统提示文件被修改，则一定要选择不保存，否则 CLI 文件会被破坏。

3. 查看菜单

查看菜单如图 5-5 所示，具体功能介绍如下：

(1) 工具条：显示或隐藏主工具条。

(2) 状态条：显示或隐藏 CLI 文件状态条。

(3) 浏览条：显示或隐藏 CLI 文件浏览工具条。

(4) 重置图形：重新计算 CLI 文件二维图形的放大比例，给用户提供一个可以观察到整个二维图形的较好比例。

(5) 下一层：显示当前层的后一层的 CLI 模型的二维图形。

(6) 上一层：显示当前层的前一层的 CLI 模型的二维图形。

图 5-5　查看菜单

4. 工具菜单

工具菜单如图 5-6 所示，该菜单中有[移动]和[变换]CLI 模型两个功能。

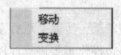

图 5-6　工具菜单

(1) 移动：单击[工具]→[移动]项，选择该菜单后，系统弹出如图 5-7 所示的对话框。

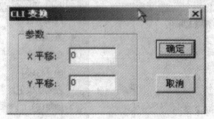

图 5-7　移动菜单对话框

该对话框有两个编辑框，即 X 平移、Y 平移，用于设定工作台中心点坐标沿当前 CLI 模型的中心点坐标沿 XY 方向平移的距离(均为相对坐标)。单击[确定]按钮完成变换操作，单击[取消]按钮取消操作。进行该操作后，CLI 模型的实际位置坐标并没有变化，下次再打开该 CLI 模型时，该模型仍保持原坐标值。

(2) 变换：单击[工具]→[变换]项，选择该菜单后，系统弹出如图 5-8 所示的对话框，该对话框有四个编辑框：X 平移、Y 平移、旋转角、缩放比。

图 5-8　变换菜单对话框

X 平移、Y 平移用于设定当前 CLI 模型中心坐标沿工作台中心坐标移动的距离(均为相对坐标)。该功能与上面的 XY 平移的区别在于该功能是移动 CLI 模型的坐标，即保存完模型后再次打开，该模型的中心坐标值将会改变。旋转角用于设定 CLI 模型绕其中心点旋转的角度。缩放比用于设定在 XY 平面上的缩放比例。

单击[确定]按钮完成变换操作，单击[取消]按钮取消操作。

5. 造型菜单

造型菜单如图 5-9 所示，造型的第一步就是进行系统初始化，然后应按照工艺要求逐步进行操作，造型过程中应严格按操作步骤进行，以免造成事故。下面将详细介绍该菜单的主要功能。

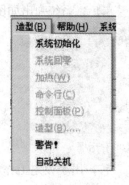

(a) 系统未初始化

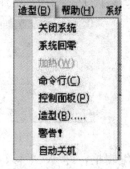

(b) 系统已初始化

图 5-9　制造菜单

(1) 系统初始化：单击[造型]→[系统初始化]项后，系统将自动测试各电机的状态：

X、Y 轴回原点：自动装载变量文件和运动控制文件等 PMAC 文件。只有系统初始化后，才可以进行造型。图 5-9(a)为未进行系统初始化时的菜单状态，图 5-9(b)为已进行系统初始化后的菜单状态。系统初始化后运动命令和造型等命令才可使用。

注意：打开新文件不需重新进行系统初始化，关闭 PCM 设备后要重新进行系统初始化。

(2) 系统回零：单击[造型]→[系统回零]项后，系统将自动测试各电机的状态：X、Y 轴回原点。每次中途停止造型，要先进行系统回零。

(3) 加热：该菜单功能为系统预留升级使用。

(4) 命令行：该菜单功能为系统预留升级使用。

(5) 控制面板：只有进行系统初始化后，该功能才可用。单击[造型]→[控制面板]或单击右侧的控制面板图标，系统弹出如图 5-10 所示窗口，该窗口分为三个区域：

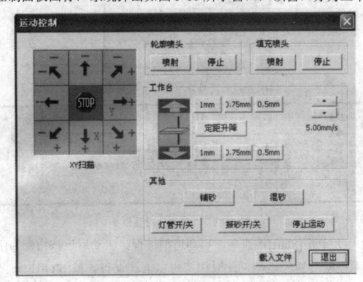

图 5-10　控制面板

① XY 扫描区域：该区域为指向八个方向的箭头，点击任一方向，XY 轴即可沿该方向运动。

② 喷头区域：该区域为造型过程中控制轮廓喷头和填充喷头的喷射开始与停止，本设备为单喷头机型，当控制轮廓或填充按钮都只会打开同一个喷头。

③ 工作台区域：该区域为对工作台(Z 轴)的运动控制，点击左侧的向上或向下箭头可使工作台向上或向下连续运动：可点击右侧 1 mm、0.75 mm、0.5 mm 按键做相应定量

距离的上下移动，最右侧箭头为调整工作台的运动速度。

④ 其他区域：

铺砂：工作台(Z 轴)不下降，完成一次铺砂程序。

混砂：该功能为系统预留升级使用。

灯管开/关、振砂开/关：分别控制加热灯管及振砂器的打开与关闭。

停止运动：点击按钮后在该区域内可执行的所有动作会中断执行。

(6) 造型：单击[造型]→[造型……]项，系统弹出"选择造型层"对话框，如图 5-11 所示，在其中可以设定造型的起始层和结束层。当用户选择[确定]后，确认将弹出如图 5-12 所示的"造型"对话框。

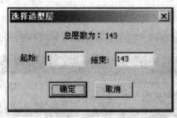

图 5-11　"选择造型层"对话框

图 5-12　"造型"对话框

在图 5-12 中，单击[Start]按钮后，启动造型过程。启动后该按钮变为[Pause]，单击该按钮可以让系统随时暂停造型，此时用户可以清理设备。按[Stop]按钮则停止造型，XY 轴电机回零点。

自动关机：该选项设定系统在铸型制作完毕后以及造型过程中系统出现故障时，是否进行自动关机以保护系统(左侧出现对钩为自动关机被选中)。

6 系统菜单

通过系统菜单可以设置工艺参数和系统参数，单击"系统"→"工艺参数"勾选菜单，在此可以设定工艺参数。单击系统状态栏(参数栏)为当前激活状态，双击即可输入需要更改的"值"，如图 5-13 所示。

图 5-13　工艺参数栏

单击[系统]→[系统参数]勾选菜单，在此可以设定系统的基本参数，如图 5-14 所示，更改该参数需要输入系统密码。如果设备参数发生了变化，用户可以恢复软件的备份(在随机带的软件光盘上)，直接安装拷贝到硬盘上，无需重新设置即可恢复至出厂状态。

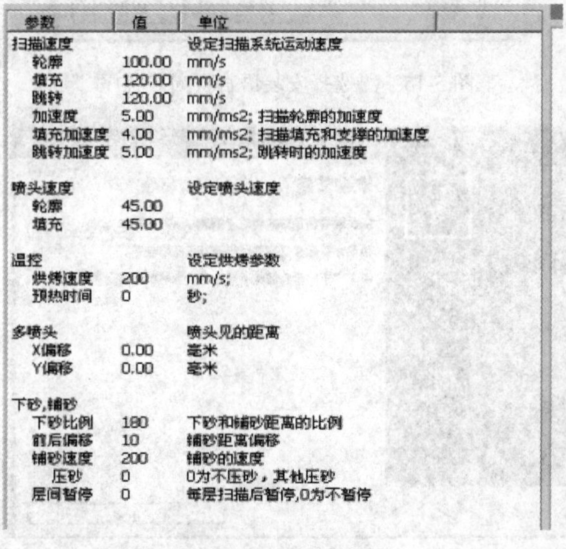

图 5-14　系统参数栏

5.2.3 分层软件 Aurora

Aurora 是专业增材制造(简称 AM)数据处理软件,对 STL 模型进行分层等处理后输出 CLI 格式的标准文件,可供多种工艺的快速成形系统使用。Aurora 软件功能完备,处理 STL 文件便、迅捷、准确,使用简单,从而大大提高了 AM 的加工效率和质量。

概括起来,Aurora 软件包括输入/输出、三维模型显示、校验和修复、成形准备、分层等功能,本节将详细介绍这些功能。

1 软件安装

双击安装盘上的 Aurora Setup.exe 文件,开始安装 Aurora 软件。Aurora 的安装程序是一个标准安装程序,首先运行安装向导,选择安装语言,后面操作将按提示一步步进行(见图 5-15)。此时如单击[取消]按钮将退出安装程序,弹出如图 5-16 的界面,请单击[下一步]按钮继续。

图 5-15 "选择安装语言"向导程序

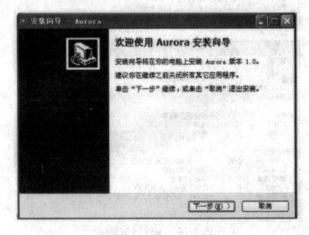

图 5-16 "欢迎"对话框

下面的安装程序将询问使用协议、用户信息、安装序号、安装目录等(见图 5-17)。默认目录为 C:Program Files\fsfenghua\Aurora。如果想安装在其他目录，请单击[浏览]按钮，选择新目录。

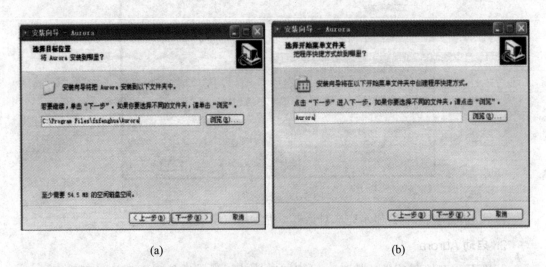

(a)   (b)

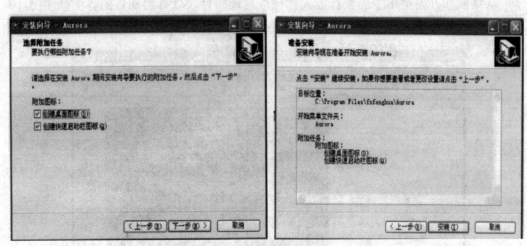

(c)   (d)

图 5-17   选择安装目录及附加快捷图标

选择好安装目录后，单击[下一步]按钮，开始在用户的系统中拷贝程序及数据文件，如图 5-18 所示。

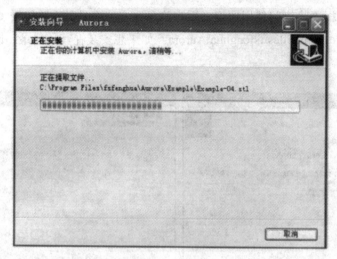

图 5-18　安装进程

拷贝完成后，系统会显示完成对话框，提示用户安装完成。

2. 启动 Aurora

从桌面和开始菜单中的快捷方式都可以启动软件，软件启动后的界面如图 5-19 所示。

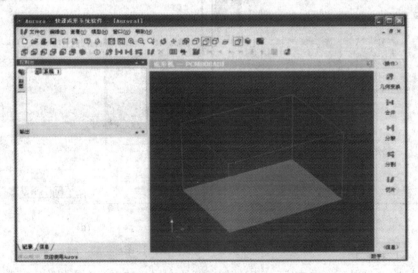

图 5-19　Aurora 工作界面

Aurora 工作界面由三部分构成。其中：上部为菜单和工具条，左侧为工作区窗口，有控制台、输出两个窗口，显示 STL 模型列表等；右侧为图形窗口，显示三维 STL 或 CLI 模型，该窗口右侧还有快捷操作栏。

1）系统参数设置

Aurora 软件安装包在出厂时已设置了设备的成形参数，比如：工作空间、中心位置以及机器型号与名称等。

（1）首先，选择菜单中的[文件]→[RP 系统设定]选项，打开"系统设定"对话框(见图 5-20)，设置项目如下所示：

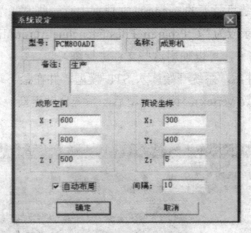

图 5-20　"系统设定"对话框

型号：机器类型。例如 PCM1500ADI、PCM800ADI。

名称：机器名称。例如成形机、三维打印机等。

备注：内容注释。

成形空间：成形系统的成形空间大小，例如 X = 600，Y = 800，Z = 500。

预设坐标：成形时原型摆放的常用中心位置，例如 X = 300、Y = 400、Z = 5。(X、Y 为中心坐标、Z 为模型最小高度)。

自动布局：载入原型后自动放置到合适的位置。

间隔：零件自动布局时，两相邻零件之间的距离。

（2）然后，单击[OK]按钮即可。保存参数设置成为系统的默认设置，选择菜单中[文件]→[设定为默认系统]选项。

2）载入 STL 模型

STL 格式是增材制造领域的数据转换标准，几乎所有的商用 CAD 系统都支持该格式，如 UG、Pro/E、AutoCAD、Solidworks 等。当 CAD 系统或反求系统中获得零件的三维模型后，就可以将其以 STL 格式输出(输出方式请参考该 CAD 或反求软件的使用手册)，供增材制造系统使用。STL 模型是三维 CAD 模型的表面模型，由许多三角面片组成。输出为 STL 模型时一般会有精度损失，请用户注意。

载入 STL 模型的方式有多种：选择菜单[文件]→[输入]→[STL]项；在工作区窗口的空白处单击鼠标右键，在弹出的菜单中选择[输入 STL]项；或者按 "CTRL + L"快捷键。

选择命令后，系统弹出"打开文件"对话框，选择一个 STL 文件。Aurora 附带一个STL 模型目录，在其安装目录下的 example 文件夹中有一些 STL 文件。如果在安装时选择了默认路径，则该目录应为"C:Program Files\fsfenghua Aurora\Examp1e"，如果用户的系统中暂时没有 STL 文件，可以使用这些文件进行练习。

选择一个 STL 文件后，系统开始读入 STL 模型，并在最下端的状态条显示已读入的面片数(Facet)和顶点数(Vertex)。读入模型后，系统自动更新，显示 STL 模型，如图5-21 所示。

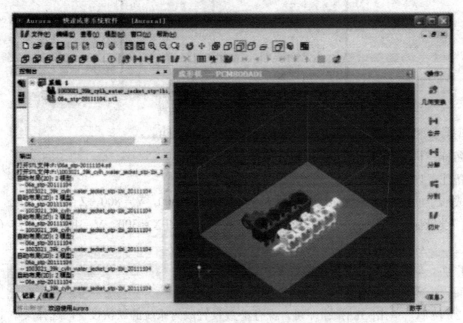

图 5-21　读入 STL 模型后，自动显示 STL 模型

当系统载入 STL 和 CLI 模型后，会将其名称加入左侧的"控制台"窗口。用户可以在控制台内选择 STL 模型，也可以用鼠标左键在图形窗口中选择 STL 模型。

注意：本软件中许多操作是针对单个模型的，所以执行这些操作前，必须先选择一个模型作为当前模型，当前模型会以系统设定的颜色来显示(该颜色在[查看]-[色彩]命令中设定)。

注意：CSM 文件为压缩的 STL 模型，可以减小 STL 文件的大小，方便用户传输，交换模型，该格式的文件 Aurora 可以直接读入。

3) 载入 CLI 模型

选择[文件]→[输入]→[CLI]按钮可以打开并显示 CLI 模型。

4) 打印

Aurora 可以打印图形窗口，并附加载入的 STL 模型信息，如图 5-22 所示。

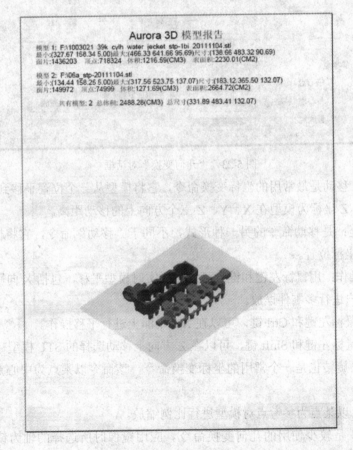

图 5-22　打印显示

3. STL 模型操作

1) 坐标变换

坐标变换是对 STL 模型进行缩放、平移、旋转、镜像等操作。这些命令将改变模型的几何位置和尺寸。

坐标变换命令集中在[模型]→[几何变换]菜单中的"几何变换"对话框内，分别为移动、移动至、旋转、缩放、镜像五种，其界面如图 5-23 所示。

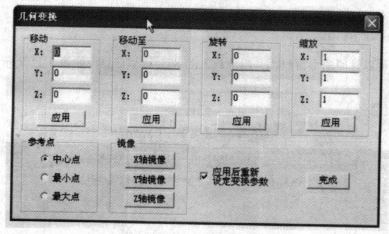

图 5-23 "几何变换"对话框

(1) 移动：移动是最常用的坐标变换命令，它将模型从一个位置平移到另一个位置。输入的 X、Y、Z 坐标为模型在 X、Y、Z 三个方向上的移动距离。

(2) 移动至：是移动命令的另一种形式，不同于"移动"命令，它将模型参考点平移至所输入的坐标位置。

(3) 快捷操作：用鼠标左键和键盘可以完成实时模型平移，包括 X 向平移和 Z 向平移，以方便用户进行多零件摆放。

同时按住鼠标左键和 Ctrl 键，可以在 XY 平面上进行平移操作。

同时按住鼠标左键和 Shift 键，可以在 Z 方向上移动选择的 STL 模型。

(4) 旋转：旋转也是一个常用的坐标变换命令，该命令以某点为中心点对模型进行旋转。

(5) 缩放：以某点为参考点对模型进行比例缩放。

(6) 镜像：是较少使用的几何变换命令。应用镜像时所选择的轴为镜像平面的法向轴。

2) STL 模型检验和修复

增材制造对 STL 文件的正确性和合理性有较高的要求，主要是要保证 STL 模型无裂缝，无空洞，无悬面、重叠面和交叉面，以免造成分层后出现不封闭的环和歧义现象。从 CAD 系统中输出的 STL 模型错误几率较小，而从反求系统中获得的 STL 模型错误较多。错误原因和自动修复错误的方法一直是增材制造软件领域的重要研究方向。

根据分析和实际使用经验，可以总结出 STL 文件的四类基本错误：

(1) 法向错误，属于中小错误。

(2) 面片边不相连，可有多种情况：裂缝或空洞、悬面、不相接的面片等。

(3) 相交或自相交的体或面。

(4) 文件不完全或损坏。

STL 文件出现的许多问题往往来源于 CAD 模型中存在的一些问题，对于一些较大的问题(如大空洞、多面片缺失、较大的体自交)，最好返回 CAD 系统处理。一些较小的问题，Aurora 提供自动修复的功能，不用回到 CAD 系统重新输出，可节约时间，提高工作效率。Aurora 的 STL 模型处理算法具有较高的容错性，对于一些小错误，如裂缝(几何裂缝和拓扑裂缝)及较规则孔洞的空洞，能自动缝合，无需修复。而对于法向错误，由于其涉及支撑和表面造型，所以需要进行手工或自动修复。

在 Aurora 中，STL 模型会自动以不同的颜色显示，当出现法向错误时，该面片会以红色显示处理，如果模型中出现如图 5-24 所示的红色区域，则说明该文件有错误，需要修复。

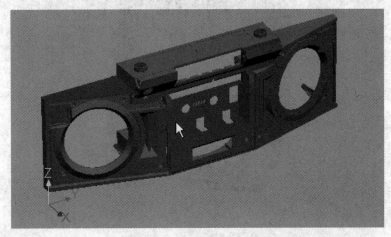

图 5-24　含错误的 STL 模型

使用"校验和修复"功能可以自动修复模型的错误。启动该功能后，系统提示用户设定校验点数，点数越多，修复的正确率越高，但时间越长，一般设为 5 就足够了。修复后的模型如图 5-25 所示。

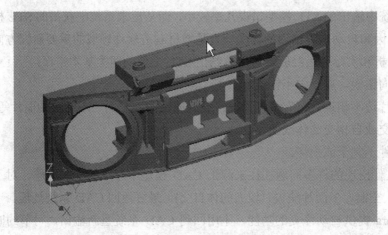

图 5-25　修复后的 STL 模型

有些模型包含较大的错误，如图 5-26 所示，该模型有一侧被切割，形成了不封闭空洞。这些较大错误会对模型修复产生影响，如图 5-27 所示。有时需要在不同的位置进行修复，以避免受这些大错误的影响，如图 5-28 所示。

图 5-26　大空洞和法向错误的 STL 模型

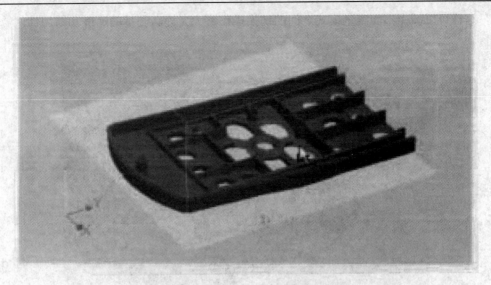

图 5-27　修复后仍有错误的 STL 模型

图 5-28　绕 Z 轴旋转 90°后修复，法向无错误的 STL 模型(红色为空洞处)

3) STL 模型的测量

当用户拾取被测量体后，系统在窗口右上角弹出一个窗口，给出被测体的几何信息，如图 5-29 所示。

与其他软件不同，在 Aurora 中，用户无需选择测量的类型，只需根据需要选择不同的测量元素，如顶点、面片等，系统会根据选择元素的类型，自动计算可提供的几何信息，这样可以减少不同测量模式之间的切换操作，大大提高测量的速度和易用性。

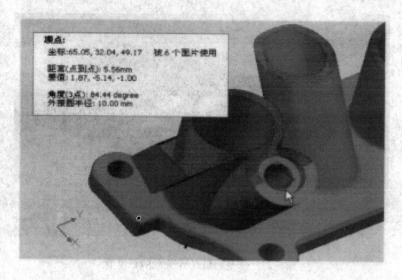

图 5-29　测量三个点

软件中提供的元素信息如下：

顶点信息：坐标值、引用面片数。

边信息：顶点坐标值、长度。

面片信息：三个顶点坐标值、面积。

不同元素间的几何信息如下：

顶点和顶点：直线距离、XYZ 差值。

连续三个顶点：两条线段间的夹角、三点外接圆的半径(选择同一个圆弧上的三个点，可测量其半径)。

顶点和边：点到边的距离。

顶点和面片：顶点到面片的距离。

边和边：两条边间的夹角，当边平行时，计算两边间的距离。

边和面片：边和面片间的夹角，当平行时，计算它们之间的距离。

面片和面片：面片平行时，计算它们之间的距离。

4) STL 模型的修改

当 STL 模型出现错误，自动修复功能不能完全修复时，如图 5-30 所示，可以使用修改功能对其进行交互修复。

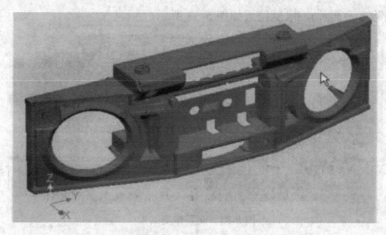

图 5-30　修复后仍有错误的 STL 模型(红色部分)

修复过程如下：

(1) 首先选择 STL 模型，进入"测量&修改"模式。

(2) 拾取错误表面上的一个面片，如图 5-31 所示。

图 5-31　拾取错误表面上的面片

(3) 单击鼠标右键，弹出快捷菜单，如图 5-32 所示。

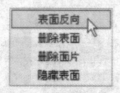

图 5-32　快捷菜单

(4) 根据错误，选择"表面反向"(修复法向错误)、"删除表面"(删除多余表面)、"删除面片"(删除多余面片),修复结果如图 5-33 所示。

图 5-33　交互修复结果

(5) "隐藏表面"命令可以将该面片所在表面消隐,以便测量或修改被其遮挡的部分。

4. 分层

1) 分层参数详解

"分层参数"对话框如图 5-34 所示。PCM 工艺的层片包括两个部分,分别为原型的轮廓部分和内部填充部分(支撑部分无需考虑,默认即可),轮廓部分根据模型层片的边界获得,可以进行多次扫描。内部填充是用单向扫描线填充原型内部的非轮廓部分,根据相邻填充线是否有间距,可以分为标准填充(无间隙)和孔隙填充(有间隙)两种模式。标准填充应用于原型的表面,孔隙填充应用于原型内部。

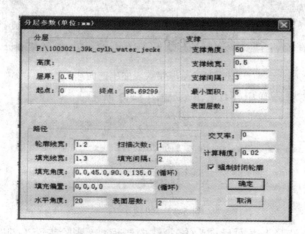

图 5-34　"分层参数"对话框

分层参数包括两个部分，分别为分层、路径。

分层部分有三个参数，分别为层片厚度、起始高度、终止高度。其中，层厚为增材制造系统的单层厚度；起点为开始分层的高度，一般应为零；终点为分层结束的高度，一般为被处理模型的最高点，系统会默认模型的总高度，如没有特殊要求，一般不用设置。

路径部分为增材制造系统原型部分的轮廓和填充处理参数。

轮廓线宽：层片上轮廓的扫描线宽度，应根据所使用喷嘴的直径来设定，一般在 1.2～1.6 之间。实际扫描线宽会受到喷嘴直径、层片厚度、喷射速度、扫描速度这四个因素的影响，该参数应根据原型的造型质量进行调整。

扫描次数：指层片轮廓的扫描次数，一般该值设为 1～2 次，后一次扫描轮廓沿前一次轮廓向模型内部偏移一个轮廓线宽。

填充线宽：指层片填充线的宽度。与轮廓线宽类似，也受到喷嘴直径、层片厚度、喷射速度、扫描速度这四个因素的影响，需根据原型的实际情况进行调整。使用合适的线宽造型，表面填充线应紧密相接，反应完毕后无缝隙，同时不能发生过量现象(喷射过多)，一般在 1.2～1.6 之间。

填充间隔：对于厚壁原型，为提高成形速度，降低黏合剂的加入量，减少铸型发气量，可以在其内部采用孔填充的方法，即相邻填充线间有一定的间隔。该参数为 1 时，内部填充线无间隔，即为全加密形式；该参数大于 1 时，相邻填充线间隔 n−1 个填充线宽。一般该值设为 2。

填充角度：设定每层填充线的方向，最多可输入六个值，每层角度依次循环。如果该参数为 0、45、90、135，则模型的第 4×N+1 层填充线为 0 度，第 4×N+2 层为 45 度，第 4×N+3 为 90 度，每 4×N 为 135 度。一般该值设为 0.0、45.0、90.0、135.0。

填充偏置：设定每层填充线的偏置数，最多可输入六个值，每层依次循环；当填充间隔为 1 时，本参数无意义。若该参数为 0、1、2、3，则内部孔隙填充线在第一层平移 0 个填充线宽，第二层平移 1 个线宽，第三层平移 2 个线宽，第四层平移 3 个线宽，第五层偏移 0 个线宽，第六层平移 1 个线宽，依次继续。一般该值设为 0、0、0、0。

水平角度：设定能够进行孔隙填充的表面的最小角度(表面与水平面的最小角度)。当面片与水平面角度大于该值时，可以孔隙填充；小于该值时，则必须按照填充线宽进行标准填充(保证表面密实无缝隙)，这时表面成为水平表面。该值越小，标准填充的面积越小，过小的话，则会在某些表面形成孔隙，从而影响原型的表面质量。一般该值设为 20。

表面层数：设定水平表面的填充厚度一般为 2 层。如该值为 2，则厚度为 2×层厚，即该面片的上面两层都进行标准填充。

为便于理解各个参数，将不同参数下的层片规划结果提供给大家，如图 5-35 所示。

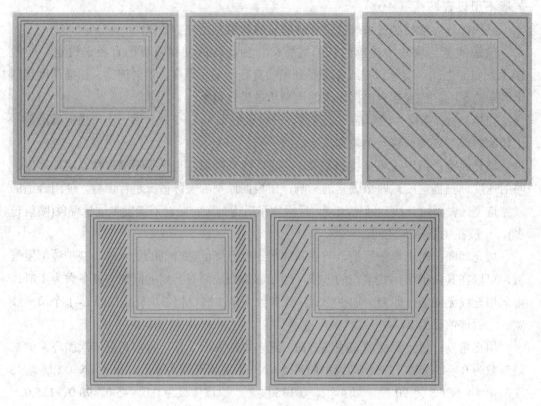

图 5-35　不同参数下的层片规划结果

2) 分层

导入多个 STL 或 CSM 模型，空间位置摆放好后，选择菜单[模型]→[合并]项，多个模型若不合并为一个模型，则只会有一个文件被分层。

选择菜单[模型]→[分层]项，启动分层命令，首先提示用户设定分层参数，然后选择保存分层结果的 CLI 文件。之后系统开始计算各个层片。

分层过程中，系统显示"计算造型路径"对话框(见图 5-36)，该对话框显示分层的进度和信息。如果用户想终止分层，可以单击[取消]按钮。

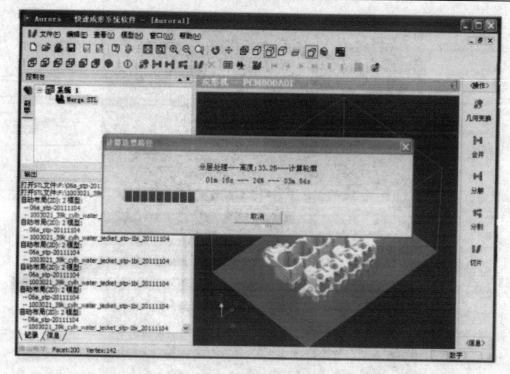

图 5-36　分层过程

分层后的 CLI 文件可以由造型软件 Cark 控制成形机进行实际生产。

5. CLI 模型

CLI 文件用来存储对 STL 模型处理后的层片数据。CLI 文件是本软件的输出格式，供后续的增材制造系统控制软件使用，在成形机上制造原形。

1）显示 CLI 模型

CLI 模型为二维层片，包括轮廓和填充线两部分，每层对应一个高度。本软件可以载入 CLI 文件并显示其图形。载入 CLI 模型的方式有两种：一是选择菜单[文件]→[输入]→[CLI]项；二是在工作区窗口的空白处单击鼠标右键，然后在弹出菜单中选择[输入 CLI]项。

选择命令后，系统弹出"打开文件"对话框，选择一个 CLI 文件，然后单击[确定]按钮。CLI 模型的显示与 STL 模型的显示类似，同样可以使用各显示命令结合鼠标操作进行放大、旋转等操作。CLI 可以整体进行三维显示，也可显示单层轮廓填充。图 5-37 所示为自动逐层显示的 CLI 模型。

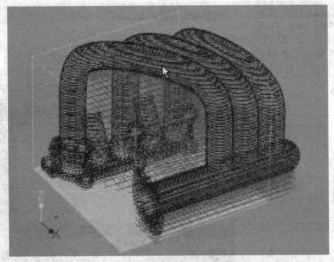

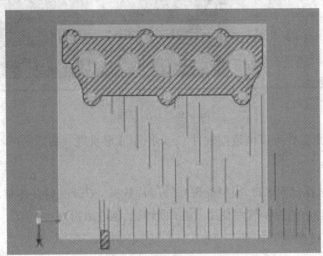

图 5-37　CLI 模型的三维显示和单层显示

CLI 层片中的不同实体用不同颜色显示，共分为轮廓、填充、支撑三种，其显示颜色可以在"色彩设定"对话框中选择，也可以通过工具条来设置全部显示或各层显示 CLI 模型。通过载入 CLI 模型可以检查 STL 模型处理的结果是否正确。

2) 修改 CLI 模型

有时分层填充得到的 CLI 模型并不能很好地用于实际成形，需要对其进行修改，本软件提供了几种简单的修改功能。具体如下：

(1) 单击工具条中的[修改]按钮，即可进入或退出修改模式。

(2) 进入修改模式后，可以用鼠标在屏幕上拾取各层的轮廓线和填充线，被拾取后的线段会以不同颜色显示，如图 5-38 所示。

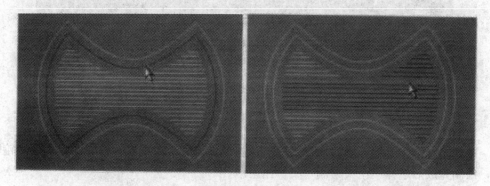

图 5-38　显示选取的轮廓和填充

(3) 完成拾取后，可在该窗口单击鼠标右键，弹出快捷菜单，如图 5-39 所示。

图 5-39　层片修改菜单

菜单各项功能如下：

片段删除、整段删除分别为删除部分轮廓(填充)或删除整条轮廓(填充)，如图 5-40 和 5-41 所示。

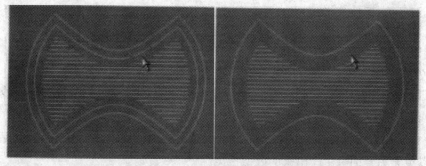

图 5-40　删除部分或删除整条轮廓

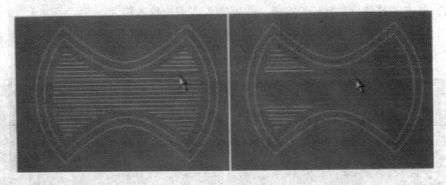

图 5-41　删除部分或删除整条填充

添加路径：绘制轮廓线。选择该项后，用户可在屏幕上用鼠标拾取的方式绘制轮廓线，绘制完成后选择"结束绘制"菜单结束。

添加网格：绘制填充线。选择该项后，用户可在屏幕上用鼠标拾取的方式绘制一系列填充线，绘制完成后选择"结束绘制"菜单结束。

轮廓线将用户拾取的点依次连成一条轮廓线，而填充线将用户拾取的点两两组合形成一条条填充线，如图 5-42 所示。

图 5-42　绘制轮廓和填充线

5.2.4　操作规程

1. 准备工作

(1) 检查工作台，确保工作台面上没有障碍物会碰到喷嘴、扫描机构、铺砂机构。

(2) 清洁设备，特别是导轨及其周围的砂尘等。

(3) 检查黏合剂储液罐内的剩余量，确保有足够的使用量，另外在生产过程要及时增添，以免无黏合剂时生产出来的砂型报废。

(4) 合上电柜的总开关、电脑开关，开启电脑，启动 PCM 设备，如图 5-43 所示。

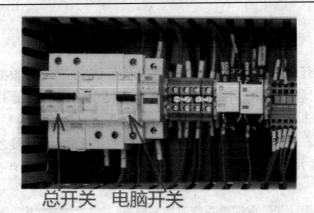

图 5-43　电源开关

(5) 打开电脑 Cark200 应用程序，进行设备初始化操作，选择[造型]→[系统初始化]项。

(6) 检查黏合剂管路压力表压力，并对压力进行相应调整，推荐值为 0.06～0.1MPa。

(7) 点击[造型]→[系统回零]项，观察 XY 轴扫描机构是否响应回零，如果不响应，应查找原因(检查回零开关或限位开关是否正常，是否已上电)并予以排除。

(8) 再次检查黏合剂储液罐气压，加压时注意压力表的变化。调好后还要保证压力的恒定不变，而且在造型时也要定期检查压力表，防止其变化。储液罐气压的大小直接影响到流量、砂型(芯)的强度、发气量及铸件质量。

(9) 清洗喷头。

① 准备一杯酒精或蒸馏水，一支干净的注射器。

② 打开 Cark 软件右边的控制面板，移动喷头机构到清洗位置。关闭手动阀，拔开喷头连接管，拧下喷嘴。用注射器抽酒精或蒸馏水，在喷嘴出口处稍用力打入，再从进口打入，观察喷出的水柱是否顺畅且直。如果不直或堵住，再用力反方向打。若发现喷嘴上头有脏东西，可用针小心清理(慎用)。

③ 打开喷头前端的手动阀，在 Cark 软件的"控制面板"中，打开轮廓/填充喷头清洗，清洗过程中凭经验感觉是否顺畅。如果喷头没有振动的声音，可根据情况适当调高电压参数。

④ 拧上喷嘴，打开轮廓/填充喷头，检查是否顺畅且竖直，如果正常，待喷头里面的酒精/蒸馏水排干净(必须排干净，否则砂型、砂芯会不反应)，然后关闭喷头。

注意：如果清洗不顺畅可用热酒精进行清理。

2. 造型

1) 打底

(1) 打底前先仔细看清楚造型任务表中的相关信息，打开造型数据文件，设置偏移 X-Y 距离并做好记录。造型任务表中有实际的型砂尺寸，可供打底选择底板时作参考。选好底板后，把底板放到工作箱中，注意要水平放置。

(2) 打底时先在底板上放一些原砂，根据底板与铺砂机构中压辊之间的距离调整工作台(Z 轴)的高度，用压辊把底板上的原砂刮平压实，保证砂的厚度有 5～15 mm(注意别撞断陶瓷辊)。

(3) 打开喷头手动阀，保证喷头喷射顺畅竖直，等喷完导管上的酒精，把喷头周围的酒精/蒸馏水擦干净。

(4) 查看一遍图形，找出尺寸最大的一层，并试画其轮廓。如果轮廓已在打好底的中心范围内，则可以开始造型。如果超出范围，则要停止操作并根据实际需要再偏移 X-Y 距离，直到在其范围内就可以正常造型。

(5) 造型正常后及时填写任务表相关信息，包括 X-Y 的偏移量等。

2) 继续上次未完成的造型

(1) 打开数据文件(一定要核对文件名称)，根据任务表输入数据文件 X-Y 偏移量([工具]→[移动]→[输入 X、Y 偏移量]→[确定]按钮)，系统回零。

(2) 先检查上一班造型的强度，如果强度较差，可调节气压、电压、速度等参数(调整后要重新测试流量)，若正常，则继续造型。

(3) 造型前，确保喷头清洗干净，打开喷头手动阀，喷完喷头中的酒精/蒸馏水，检查工作台无障碍物后方可开始造型。

(4) 造型扫描轮廓时仔细检查是否与下面的图形对齐，如果错位，应急停。打开控制面板关闭喷头查找原因，进行调整(查找项目：行程开关是否正常、有无碰撞、X-Y 偏移是否正确)，可通过调整 X-Y 偏移量进行校正，校正后要重新记录 X-Y 偏移量。

(5) 如果扫描与下面图形完全吻合，可继续造型，并及时填写造型任务单中的时间、层数、温度、湿度等信息。

3) 完成造型

(1) 造型完成后，关闭喷头前的手动阀，卸掉储液罐压力，清洗干净喷头，记录好完成的时间和层数。

(2) 等砂型反应比较充分后，上升砂箱到顶部，碰到行程开关自动停止(一般情况上升工作台时，砂箱不需要上升到最顶部)，接着放入取砂型挡砂板，清去砂型周围的散砂(清砂中防止砂型、砂芯变形)，将砂型在工作台中搬出，清理设备，并做好砂型相关的标记。清理时一定要把工作台与其四壁间隙的砂清理出来(可用吸尘器)，否则会影响工作台上升或下降。

(3) 清理完后，接着准备后面的造型。

4) 造型结束

(1) 手动清理干净混砂、铺砂系统内的剩余砂，以防再次使用设备时不能正常运转。

(2) 关闭电脑。

(3) 关闭总电源开关。

5) 造型时参数的更改

造型过程中如果发现有异常现象或砂型反应不正常，可根据实际情况更改相关参数。其中常见的参数有：轮廓线与填充线的偏移量、铺砂速度、烘烤速度、预热时间、下砂比例、层间暂停、喷头工作电压等参数都可相应更改。

5.3　PCM 3D 打印机的维护及保养

5.3.1　维护及保养要求

(1) 经常清理成形箱及设备内部的废砂。

(2) 如果发现螺丝松动，需拧紧，并且定期检查，因铝合金容易滑牙，拧紧时注意力度。

(3) 每次造型和停止造型时都必须清洗喷头喷嘴，中途停止造型不能超过 30 min，否则必须清洗喷头和喷嘴，造型过程中每隔 4 h 应清洗喷头 1 次。

(4) 为防止导轨磨损，应尽量避免砂粒落入导轨。当有砂粒掉入导轨，应立即清理并给导轨涂油。

(5) 工作两周至少保养设备一次，检查导轨、滑块、螺母等，并进行清理，加入导轨油。清扫机器，清除电控柜内尘土。

(6) 巡检。正式生产时，检查设备的电路、管路、喷头连接是否正常，造型工作台上是否有障碍物，扫描的图形是否正常，尺寸是否合格，层与层间有无错位，行程开关是否正常工作等。

(7) 造型前、后都应清洗干净喷头阀体、喷嘴。

(8) 清理导轨时，在打底、造型、清砂、取型、维修等过程要尽量注意，防止砂子落在导轨上，如不慎落到应及时清理，可用干净卷纸或柔软碎布擦拭。

(9) 清洁。机器完成造型后应对机器进行清洁，将砂箱、混砂系统、铺砂系统内的砂清理掉。陶瓷压辊应该经常用砂纸擦拭，防止粘砂或者铺砂时刮伤砂型，对清理喷头用的废液盒也应定期清理等。

5.3.2 故障判断和排除

1. 常见问题及其处理方法

(1) 喷头喷射不畅或堵塞：这时先暂停造型，再分析是什么原因，其中可能的因素有：喷头阀体、喷嘴有脏物堵住，过滤网堵塞，储液罐气压变化，线路接触不良，喷头电压、频率不当，漏气，黏合剂杂质多等。

(2) 铺砂效果不好：其中的原因有空气湿度大，固化剂加入量过大，铺砂速度不合适，下砂比例不合适导致砂量过多或过少，压辊旋转方向不正确，压辊上粘有杂物等。

(3) 黏合剂导管问题：其中有过滤网堵塞、破裂(如果洗了喷头还是经常堵喷嘴应检查过滤网)，导管接头破裂等。

(4) 造型过程断电：在 Cark 安装目录下的 system 文件夹里面，找到 compiledlayer 文件，该文件可以说明当前已结束扫描的层数。同时通过对照图形形状及填充线角度，反复对比核实，找到正确的层数继续造型。

(5) 造型中扫描机构停止不动：可能是不小心碰到行程开关等，应停止造型并关闭喷头，待系统回零后再继续造型。

注意：如重复做当前层则要上升一个层厚。

(6) 造型错位：如果及时发现当前层错位，应停止造型，进行回零操作后看能否解决；如果不行，则要检查原因，并重新偏移。如果操作了多层后才发现，这时先把错位层刮掉，根据高度及图形形状找出层数，然后计算需上升多少高度，上升工作台，刮平错位层并继续造型，且要保证当前图形与下面图形吻合。事后要分析错位的原因，防止再次发生。

2. 故障排除一览表

其他设备故障请参考表 5-2。

表 5-2　故障排除一览表

故 障 现 象	可 能 原 因	排 除 方 法
喷嘴喷射不畅	1. 黏合剂不足； 2. 压力不够； 3. 管路漏气或有空气； 4. 过滤网堵塞； 5. 喷嘴堵塞； 6. 阀体堵塞； 7. 阀体老化； 8. 喷头电压不够； 9. 电路板故障； 10. 线路故障	1. 加入足量黏合剂； 2. 调节合适压力； 3. 漏气密封或排空； 4. 更换过滤网； 5. 喷嘴清洗或更换； 6. 阀体清洗或更换； 7. 更换阀体； 8. 调节电压； 9. 电路板故障； 10. 线路维修或更换
铺砂不良	1. 下砂量过多或过少，叶片式落砂轴堵塞； 2. 催化剂加入量过多； 3. 环境温度低，湿度高； 4. 陶瓷辊表面脏	1. 调整下砂量，清理叶片式落砂轴； 2. 调整催化剂加入量； 3. 控制环境温、湿度； 4. 清理干净陶瓷辊表面
砂型反应慢、无反应或砂型强度不够	1. 环境温度低、湿度高； 2. 催化剂加入量不够； 3. 黏合剂加入量不够； 4. 喷嘴喷射不畅； 5. 烘烤灯管不加热	1. 控制环境温湿度在要求范围内； 2. 添加催化剂或调节加入量； 3. 添加黏合剂或清理阀体及喷嘴加入量不够； 4. 见喷嘴喷射不畅排除方法； 5. 维修或更换灯管
砂型尺寸精度差，表面质量差	1. 砂型反应慢； 2. 环境温度低、湿度高； 3. 分层参数不合适； 4. 黏合剂加入量过多； 5. 催化剂加入量过多； 6. 喷嘴喷射不畅； 7. 烤灯灯管不加热	1. 见砂型反应慢排除方法； 2. 控制环境温湿度在要求范围内； 3. 正确使用分层参数； 4. 调整黏合剂加入量； 5. 调整催化剂加入量； 6. 见喷嘴喷射不畅排除方法； 7. 维修或更换灯管
砂型发气量大	1. 分层参数不合适； 2. 黏合剂加入量过多	1. 正确使用分层参数； 2. 调小储液罐压力，调低阀体高低电位，调小控制面板的喷头速度

参 考 文 献

[1]　杨振贤，张磊，范彬. 3D 打印从全面了解到亲手制作[M]. 北京：化学工业出版社，2015.

[2]　[美]胡迪·利普森，梅尔芭·库曼. 3D 打印：从理想到现实[M]. 北京：中信出版社，2013.

[3]　胡为民，徐延军. 一本书读懂 3D 打印[M]. 北京：人民邮电出版社，2016.

[4]　王广春. 3D 打印技术及应用实例[M]. 北京：机械工程出版社，2016.

[5]　Ben Redwood，Filemon Schöffer，Brian Garret. The 3D Printing handbook：Technologies，design and applications[M]. Amsterdam (Netherlands)：3D Hubs，2017.

[6]　Food: A Taste of Things to Come[J]. Nature，2010，468(7325)：752.

[7]　ROOKIE ELECTRONICS. 3D Printing Technologies and Types of 3D Printing [EB/OL]. [2017-7-9]. http://rookieelectronics.com/3d-printing-technologies-types/.

[8]　北京大业三维科技有限公司. 光固化 3D 打印机说明 [EB/OL]. [2018-1-4]. http://www.daye3d.com/explain.php.

[9]　天工社. Form2 光固化 3D 打印机操作方法及功能测评. [EB/OL]. [2018-1-4]. http://maker8.com/article-6069-1.html.

[10]　南极熊 3D 打印. 独家：单老师教大家玩转光固化【连载三】——浅谈 SLA 和 DLP 的差别. [EB/OL]. [2018-1-4]. http://www.nanjixiong.com/thread-60197-1-1.html.

[11]　MoonRay 3D 打印机使用说明书. 浙江讯实科技有限公司.

[12]　闪铸 GuiderⅡ桌面级 3D 打印机用户手册. 浙江闪铸三维科技有限公司.

[13]　闪铸 Hunter 桌面级 3D 打印机用户手册. 浙江闪铸三维科技有限公司.

[14]　Easy3DP-Ⅱ操作手册. 武汉易制科技有限公司.

[15]　Easy3DP-300 使用说明及安全维护手册. 武汉易制科技有限公司.

[16]　无模铸型制造装备 FHZL-PCM200 技术资料. 佛山市峰华卓立制造技术有限公司.

[17]　无模铸造 3D 打印机 PCM-200(VN)培训资料. 佛山市峰华卓立制造技术有限公司.